高等教育一体化规划教材
高等技术应用型人才计算机类专业规划教材

Linux操作系统实验指导

陆 静 主编

钟 梅 高 巍 副主编

电子工业出版社
Publishing House of Electronics Industry
北京·BEIJING

内 容 简 介

本书是 Linux 操作系统的实验教材，与 Linux 操作系统教材配套，全书共分 3 部分。第一部分是实验基础，包括实验所需环境及软件的介绍；第二部分是实验内容，立足于 Linux 所提供的各种用户界面和系统调用，与主教材各章概念密切结合，重点加强了与进程调度和进程通信相关的实验，使读者能够在理论的指导下进一步深刻地理解进程，掌握使用进程实现多任务并发的程序设计思想和方法；第三部分是实验附录，它是对实验中所需知识的介绍。

书中的每个实验都具有独立性，包含了实验相关知识的讲解和典型例题的分析，适当降低了实验的难度，这样也有利于读者通过自学掌握实验教材中的技术和方法。本书适合作为高等应用型人才计算机类专业操作系统课程的教材，也可以作为 Linux 编程环境与内核分析的参考书。

未经许可，不得以任何方式复制或抄袭本书之部分或全部内容。
版权所有，侵权必究。

图书在版编目（CIP）数据

Linux 操作系统实验指导 / 陆静主编. —北京：电子工业出版社，2020.3
ISBN 978-7-121-38437-0

Ⅰ. ①L… Ⅱ. ①陆… Ⅲ. ①Linux 操作系统－高等学校－教材 Ⅳ. ①TP316.85

中国版本图书馆 CIP 数据核字（2020）第 024187 号

责任编辑：贺志洪
印　　刷：涿州市般润文化传播有限公司
装　　订：涿州市般润文化传播有限公司
出版发行：电子工业出版社
　　　　　北京市海淀区万寿路 173 信箱　邮编：100036
开　　本：787×1092　1/16　印张：15.75　字数：403.2 千字
版　　次：2020 年 3 月第 1 版
印　　次：2023 年 12 月第 6 次印刷
定　　价：39.00 元

凡所购买电子工业出版社图书有缺损问题，请向购买书店调换。若书店售缺，请与本社发行部联系，联系及邮购电话：（010）88254888，88258888。
质量投诉请发邮件至 zlts@phei.com.cn，盗版侵权举报请发邮件至 dbqq@phei.com.cn。
本书咨询联系方式：（010）88254609 或 hzh@phei.com.cn。

前言

"操作系统"是计算机类专业必修的核心专业课程，该课程中所涉及的知识点在计算机类专业及其相关专业知识结构中处于非常重要的地位，其重要性主要体现在以下几个方面：
- 该课程在计算机学科知识体系中处于将硬件知识与软件知识相结合的结合点。
- 该课程中关于进程和线程的概念是多任务应用程序设计的理论基础。
- 操作系统所提供的系统调用界面是应用程序设计所必需的支撑环境。
- 操作系统作为一个重要的系统软件，其管理涉及系统资源和方便用户的方方面面，是最复杂的软件系统，其解决各种复杂问题的思路和算法对于培养计算机专业技术人员分析问题、解决问题和动手设计能力有着深远的意义。

作为教材，其内容的设置除了需要考虑学生要掌握的基本知识结构，还必须结合各高校的培养目标，以体现不同院校的特色。尽管不同院校的培养目标不尽相同，但是对于绝大多数高校而言，其计算机类专业学生的培养目标大都定位于"基于应用系统的设计与开发的应用型人才"。基于这个目标，"操作系统"课程实践的重点应该放在对于操作系统所提供的支撑环境的使用上。

本书中的实践环节以 Red Hat Linux 9 为平台，内容立足于 Linux 所提供的各种用户界面和系统调用，与 Linux 操作系统主教材各章概念密切结合，重点加强了进程、进程管理、进程调度、进程通信、进程同步的实验，使读者能够在理论的指导下进一步深刻地理解进程，掌握使用进程实现多任务并发的程序设计思想和方法。实验还对操作系统的资源分配、CPU 调度、内存管理等常见算法进行了模拟分析。

作者从事计算机"操作系统"课程的教学已有 15 年，深感缺少一本适合于培养应用型人才、理论联系实际、难易适度、不涉及后继课程知识点的操作系统实验教材。经过多年的努力和实践，本书中的实验已经由计算机类专业学生连续使用了 10 余届，教学实践证明效果非常好。学生反映主要集中在以下两个方面：
- 敢于动手进行系统编程和修改内核，比如涉及Windows编程、Linux编程等高级程序员的工作可以比较顺利地进行。
- 在多任务环境下能够主动使用多线程来实现多任务之间的同步或异步问题，而不是将多个任务放在一个任务中去解决。

本书是"操作系统"课程辅助教材，是对理论知识的有益补充，通过将操作系统抽象概念转化为看得见、做得了的实验，加深对课程重点、难点的理解，充分落实了理论与实践相结合、相辅相成的教学效果，特别适合于应用型高校对人才培养的需要。实验包括程序阅读、填空、比较、设计、分析等多种形式，操作难易恰当，操作时长适中，易裁剪，可根据课时要求灵活选择安排。本书与 Linux 操作系统主教材配合使用，很好地衔接了课堂教学与实验教学、课下辅导，可作为高等院校学生学习"操作系统"课程的专业教材或考研参考书，也可作为从事计算机应用和开发技术人员及计算机、软件工程等相关专业学生的自学用书。

  本书的编写得到了宁波大学科学技术学院教材建设项目的资助，也得到了许多朋友们的关心和帮助。胡明庆、姚畅副教授为本书提出了很多宝贵的意见。在此对所有支持本书写作和出版的领导、老师、学生与朋友们表示衷心地感谢。

  由于时间紧迫，加之笔者水平有限，疏漏之处在所难免，敬请广大读者批评指正。

编 者
2019 年 10 月

目录

实验基础

第1章 Linux简介 ……………… 3
1.1 UNIX 的兴起 ………………… 3
1.2 Linux 的诞生 ………………… 3
1.3 开源、自由和 Linux …………… 4
1.4 Linux 操作系统的应用前景与未来 …… 5
1.5 Linux 操作系统的特点 ………… 6
1.6 Linux 的发行版 ……………… 7
1.7 Linux 的应用软件 …………… 10
1.8 Linux 资源 ………………… 12

第2章 Linux的安装 …………… 14
2.1 Red Hat Linux 9 版本的获得 …… 14
2.2 计算机硬件准备 ……………… 15
2.3 硬盘空间准备 ………………… 16
2.4 安装方式选择 ………………… 20
2.5 安装前配置 …………………… 22
2.6 进行安装 …………………… 35
2.7 安装后配置 …………………… 36
2.8 安装完成 …………………… 37
2.9 恢复被 Windows 破坏的 GRUB 引导程序 …………………… 38
2.10 删除已安装的 Red Hat Linux 9 …… 39

第3章 文本编辑器Vi的使用 ……… 40
3.1 执行与结束 Vi ……………… 40
3.2 Vi 的三种模式及相互切换 …… 41
3.3 编辑模式下的操作 …………… 42
3.4 命令模式下的操作 …………… 44

第4章 C语言编译器GCC的使用 …… 45
4.1 使用 GCC …………………… 46
4.2 GCC 选项 …………………… 46

实验内容

实验1 Linux的图形界面 ………… 51
实验目的 ……………………… 51
相关知识 ……………………… 51
典型例题 ……………………… 52
实验内容 ……………………… 55
实验思考 ……………………… 56

实验2 Linux的键盘命令 ………… 57
实验目的 ……………………… 57
相关知识 ……………………… 57
典型例题 ……………………… 58
实验内容 ……………………… 58
实验思考 ……………………… 60

实验3 Linux的批处理 …………… 61
实验目的 ……………………… 61
相关知识 ……………………… 61
典型例题 ……………………… 63
实验内容 ……………………… 65
实验思考 ……………………… 66

实验4 Linux进程创建 …………… 67
实验目的 ……………………… 67
相关知识 ……………………… 67
典型例题 ……………………… 68

  实验内容 ················· 69
  实验思考 ················· 72

实验5 父子进程同步与子进程重载 ······ 73
  实验目的 ················· 73
  相关知识 ················· 73
  典型例题 ················· 75
  实验内容 ················· 77
  实验思考 ················· 79

实验6 Linux的软中断通信 ············ 80
  实验目的 ················· 80
  相关知识 ················· 80
  典型例题 ················· 82
  实验内容 ················· 83
  实验思考 ················· 87

实验7 Linux的管道通信 ············· 88
  实验目的 ················· 88
  相关知识 ················· 88
  典型例题 ················· 90
  实验内容 ················· 91
  实验思考 ················· 94

实验8 Linux的消息通信 ············· 95
  实验目的 ················· 95
  相关知识 ················· 95
  典型例题 ················· 98
  实验内容 ················· 99
  实验思考 ················· 100

实验9 Linux的共享内存通信 ········· 102
  实验目的 ················· 102
  相关知识 ················· 102
  典型例题 ················· 104
  实验内容 ················· 106
  实验思考 ················· 108

实验10 Linux的信号量通信 ·········· 109
  实验目的 ················· 109
  相关知识 ················· 109
  典型例题 ················· 112
  实验内容 ················· 118
  实验思考 ················· 120

实验11 资源分配算法 ················ 121
  实验目的 ················· 121
  相关知识 ················· 121
  模拟程序 ················· 123
  实验内容 ················· 132
  实验思考 ················· 134

实验12 CPU调度算法 ················· 135
  实验目的 ················· 135
  相关知识 ················· 135
  模拟程序 ················· 136
  实验内容 ················· 140
  实验思考 ················· 142

实验13 动态分区管理算法 ············ 144
  实验目的 ················· 144
  相关知识 ················· 144
  模拟程序 ················· 145
  实验内容 ················· 151
  实验思考 ················· 154

实验14 分页管理页面置换算法 ······· 155
  实验目的 ················· 155
  相关知识 ················· 155
  模拟程序 ················· 156
  实验内容 ················· 161
  实验思考 ················· 165

实验15 SPOOLing技术 ················· 166
  实验目的 ················· 166

相关知识	166
模拟程序	168
实验内容	171
实验思考	174

实验16 文件系统设计 …………… 175
    实验目的 ……………………………… 175
    相关知识 ……………………………… 175
    模拟程序 ……………………………… 176
    实验内容 ……………………………… 176
    实验思考 ……………………………… 178

实 验 附 录

附录A Linux主要目录 ……………… 181

附录B Linux键盘命令 ……………… 183

附录C Linux的shell编程 …………… 193

附录D Linux软中断信号 …………… 199

附录E 多用户文件系统参考程序 …… 204

实验基础

第1章
Linux简介

　　Linux 是一种为 Intel 架构的个人计算机和工作站而设计的操作系统，一方面，它既有字符界面，也提供像 Windows 视窗和 Macintosh 苹果计算机那样功能齐全的图形用户界面；另一方面，Linux 被定位为一个自由软件，是免费的、开放源代码的产品。编制它的一个重要目的就是建立不受任何商品化软件版权制约的、全世界都能自由使用的 UNIX 兼容产品。自从 20 世纪 90 年代初期 Linus Torvalds 开发出 Linux 系统以来，世界上众多的程序员对它进行了改进和提高。如今，经过 30 多年的努力，Linux 已被应用到多个领域，小至手机、PDA 等嵌入式系统，大至拥有上千台主机的超级计算机及银行、太空实验等对稳定性要求极高的高端系统。在纷繁的商业软件产品中，Linux 的存在为广大的计算机爱好者提供了学习、探索及修改计算机操作系统内核的机会。

1.1　UNIX的兴起

　　UNIX 从诞生之日起，就是高效的、多用户和多任务的操作系统，且不昂贵。尽管 UNIX 操作系统非常复杂，但是它颇具灵活性，可以很容易地被修改，这种设计上固有的灵活性不会影响它的性能，反而使其能够在实践中适应各种环境的需要。事实上正是由于其灵活性，许多厂商也因此拥有自己的专用版本，从而使 UNIX 发展多样化，并日趋昂贵。
　　在 UNIX 不断发展的过程中，它一直是一个使用条件要求相对苛刻的大型操作系统，仅对工作站或小型机有效。UNIX 的一些版本被设计为主要适用于工作站环境。Solaris 就是主要为 Sun 工作站开发的，AIX 则是为 IBM 工作站开发的，HP-UX 则是为 HP 工作站开发的。随着 PC 逐渐发展并日趋强大，人们开始着手开发 UNIX 的 PC 版本。UNIX 固有的可移植性使它几乎适用于任何类型的计算机，同样，产生 PC 版本的 UNIX 也是可行的。

1.2　Linux的诞生

　　1991 年 10 月，一个名叫利努斯（Linus Torvalds）（见图 1-1）的芬兰赫尔辛基大学计算机系的大学生，当时正在学习 UNIX 课程，使用了由 Andrew Tanenbaum 教授自行开发的、发布在 Internet 上提供给全世界的学生免费使用的小型教学用操作系统 Minix，为了自己

图1-1　Linus Torvalds 开发的Minix

的"操作系统"课程研究和后来的上网用途，Linus 在他自己购买的 Intel 386 PC 上，开发了他自称的 Linus 版的 Minix，后来命名为 Linux，并在 USNET 新闻组 comp.os.minix 上发布了一条消息：

"……我正在开发一套类似 Minix 的运行于 AT-386 上的免费的操作系统。……而且我准备把这些源代码发布出来让其更为广泛地传播。"

正是这篇不起眼的短文，开启了目前风行全球的 Linux 快速发展之门。当时发布的版本，也就是第一个 Linux 正式版本——0.0.2 版，在那时其稳定性及功能性很不完善。但 Linux 可以充分利用个人计算机所提供的性能资源，并使 UNIX 最重要的性能（快速、高效和灵活性）能够在 PC 上得以体现。

Linus 事后回忆说，他的初衷并不是编写一个操作系统的内核，更未想到这一举动会在计算机界产生如此重大的影响，他只是出于实际需要，起初需要一个进程切换器，然后上网需要终端仿真程序，继而希望从网络下载文件则需要自行编写硬盘驱动和文件系统。之后发现他已经实现了一个几乎完整的操作系统内核。出于对这个内核的信心、美好的奉献精神与发展希望，Linus 希望这个内核能够免费扩散使用，由此诞生了 Linux 操作系统的第一个版本（基于 Intel 386 体系结构），并公开了源代码。从此，计算机科技发展多了一道亮丽的色彩。

Linux 的兴起可以说是 Internet 发展史上的一个奇迹。到 1992 年 1 月，全世界大约只有 100 个左右的人在使用 Linux，但由于它是在 Internet 上发布的，网上的任何人在任何地方都可以得到 Linux 的基本文件，并可以通过电子邮件发表评论或者提供修正代码，这些 Linux 的热心者有将之作为学习和研究对象的大专院校的学生、科研机构的科研人员、网络黑客等。他们所提供的所有初期代码和评论，后来被证明对 Linux 的发展至关重要。正是众多热心者的努力，使 Linux 在不到三年的时间里成为一个功能完善、稳定可靠的操作系统。此时 Linux 也拥有了一个属于自己的标志，这就是 Linus 亲自挑选的一个可爱的胖企鹅，它叫 Tux，如图 1-2 所示。

图1-2　代表Linux的Tux

1.3　开源、自由和Linux

Linux 从诞生之日起，Linus 就希望把它定位为供全人类共享的自由软件[①]，不仅把它的源码全部开放，而且坚持不把 Linux 作为牟利的工具。

在开源和自由的旗帜下，Linux 的持续发展和完善凝聚了全世界无数开发人员的心血，体现了信息世界中的共建、共享和共荣的精神。作为自由软件，任何人都可以自由修改 Linux 的源代码或将其给予他人。对于工程师来说，他可以根据自身需要而任意修改 Linux

---

① 自由软件则由开发者提供软件全部源代码，任何用户都有权使用、复制、扩散、修改该软件，同时用户也有义务将自己修改过的程序代码公开。需要说明的是自由软件其英文中的 Free 是指自由而非价格上的免费，它强调的是源代码的公开和可自由修改。所谓可自由修改是指用户可以对公开的源代码进行修改，以使自由软件更加完善，还可在对自由软件进行修改的基础上开发上层软件。理解这一点才能真正明白 Linux 之所以能方兴未艾，并得到众多商业公司、个人及国家政府的支持的原因。

的源代码；对学生来说，阅读 Linux 的源代码可以了解操作系统的内部运作原理、学习高手的编程技巧及提高个人能力；而对于其他人来说，则可以免费或以低成本获得高手们对系统改良的成果。

尽管 Linux 是在开放的 Internet 环境下开发的，它依然遵循了正式的 UNIX 标准，在过去的几十年里，由于不同 UNIX 版本的大量出现，电子和电气工程师协会（the Institute of Electrical and Electronics Engineers，IEEE）为美国国家标准化协会（ANSI）开发了一个独立的 UNIX 标准。这个新的 ANSI UNIX 标准被称作计算机环境的可移植性操作系统界面（the Portable Operating System Interface for Computer Environments，POSIX）。这个标准定义了 UNIX 类操作系统如何进行操作，并详细规定了系统调用和用户界面方面的内容。POSIX 规定了所有 UNIX 版本必须遵循的通用标准。当今流行的大部分 UNIX 版本都遵循 POSIX 标准。Linux 从一开始就是依照 POSIX 标准开发的。

得益于世界上众多 Linux 爱好者综合利用现有的标准 UNIX 系统中的大部分应用程序和特性对 Linux 进行精炼与完善，现在所有 UNIX 主要的窗口管理器都已经被移植到 Linux 上，Linux 已经具备所有的 Internet 工具，如 FTP、Telnet 和 SLIP 等。它还具有完整的程序开发实用工具，例如，C++ 编译器和调试器等。

1.4 Linux操作系统的应用前景与未来

Linux 运行的硬件平台由起初的 Intel 386 开始，到目前已经提供了对现有的大部分处理器体系结构的支持 Alpha、PowerPC、Sparc、MIPS、PPC、ARM、NEC 等，Linux 不但支持 32 位的处理器，还支持 64 位的处理器，如 Alpha。此外，Linux 还支持多 CPU。

现在，Linux 应用越来越广泛，从桌面到服务器，从操作系统到嵌入式系统，从零散的应用到整个产业的初建雏形。Linux 已拥有了许多大型企业用户和团体用户，其中包括 NASA、迪斯尼、洛克希德、通用电气、波音、Ernst & Yound、UPS、IRS、纳斯达克、Amazon、Google 等世界级的企业及世界著名大学机构。此外，IBM、HP、Dell、Oracle、SGL、AMD、Transmeta 等大型公司也都为 Linux 的发展贡献着力量。

目前，Linux 在企业应用中已经相当成熟，成为增长最快的操作系统，已占据服务器领域近 40% 的市场。由于全球各国政府的大力支持，Linux 在桌面市场也将获得突破。市场发展显示，Linux 已经突破发展瓶颈，开始冲击以往由 UNIX 主导的服务器市场份额和微软主导的桌面系统市场份额，步入全面发展的黄金时期。同时，Linux 在嵌入式系统中也成为最受欢迎的操作系统之一。

论及 Linux 的嵌入式系统研究的前景，嵌入式技术已经不再局限于"控制、监视或者辅助设备、机器和车间运行的装置"，它已经渗透到人们日常生活的许多角落，从 MP3、手机，到智能家电、网络家电、车载设备等都有嵌入式系统在发挥着作用。目前，各种各样的新型嵌入式系统设备在应用数量上已经远远超过了通用计算机。嵌入式系统的特点是内核小、专用性强、系统精简，同时需要专门的开发工具和环境，开发的产品往往对价格比较敏感。而 Linux 的开源、自由、内核小且易于定制裁剪、支持众多的 CPU 芯片、有大量的开发工具等优势决定了它天然地适用于嵌入式系统的开发。所以，相对于 PC 领域，Linux 在消费电子领域的应用更加广泛，最典型的就是手机，现在像摩托罗拉等手机制造巨头都开始推出了

Linux 手机。日本的很多家用电器生产厂家诸如松下、索尼等也对 Linux 非常感兴趣，认为这种技术在消费电子产品上面很有前途。

总之，随着 Linux 的继续扩张，全球 Linux 的人才需求也正在升温。据统计，我国加入世贸组织的头 5 年市场对 Linux 人才需求就超过 120 万人。

所有形势，都在传达一个信息，这就是 Linux 作为一个很有发展前途的操作系统，无论从战略眼光来看，还是从现实择业角度来看，它都值得青年学子去学习钻研。

1.5 Linux操作系统的特点

Linux 操作系统在短短几年之内的迅猛发展，除去时机、需求和市场机会几方面的因素，Linux 本身具有的良好特性仍旧是 Linux 在全球普及和流行的最主要理由。

在这里当我们谈论 Linux 时，准确地说，是指它的 Kernel，即系统的内核。Linux 内核至今仍由 Linus Torvalds 领导下的开发小组维护，在 GNU[①] 的 GPL[②] 版权协议下发行。从本质上讲，Linux 是 UNIX 的"克隆"或 UNIX 风格的操作系统，它包含了 UNIX 的全部功能和特性。但另一方面，Linux 系统无论从结构上还是应用上都有其自身的特点。概括起来，Linux 具有以下特色。

● 开放性：Linux 系统既遵循正式的 UNIX 标准，也遵循"开放系统互连参考模型（OSI）"国际标准。凡遵循国际标准所开发的硬件和软件，都能彼此兼容、互通互连。同时，由于 Linux 源代码开放，用户可以免费从 Internet 下载，或者花很少的费用得到 Linux 光盘，这种便捷性使得 Linux 相比其他商用操作系统，可大大节省企业的投资；并且用户能够根据源代码，按照需要来对部件进行搭配，或自定义扩展。

● 多用户：Linux 系统秉承了 UNIX 系统的多用户特性，即系统资源可以被不同用户共享使用，而每个用户对自己的资源（如文件、设备）有特定的权限，互不影响。

● 多任务：多任务是现代计算机的最主要的一个特点，这是指计算机能同时执行多个程序，而且各个程序的运行相互独立。Linux 系统调度每一个进程平等地占用微处理器。多用户和多任务使得计算机使用性能达到最高。

● 稳定的执行效能：Linux 的内核源代码是以 32 位的计算机来做最优化的设计，所以可确保其稳定的执行效能。并且，随着内核的升级，Linux 不断改进了对多线程技术的支持，从而实现了在一个程序的内存空间中，执行多个线程，来提高硬件资源的利用率。Linux 可以把每种处理器的性能发挥到极限，影响系统性能提高的限制因素反而是其总线和磁盘 I/O 的性能。从实际应用情况来看，Linux 连续运行数月、数年而不死机的现象比比皆是。这一点与 Windows 服务器相比，尤其突出。

● 优秀的内存管理：Linux 会将未使用的内存区域作为缓冲区（Buffer）以加速程序的执行。另外，系统会采取内存保护模式来执行程序，以避免因一个程序执行失败而影响整个

[①] GNU 是 GNU is Not Unix 的递归式缩写，意为以 UNIX 为基础，但又不是 UNIX。系 Richard Stallman 于 1984 年组织开发的一个完全基于自由软件的软件体系，完全遵循 GPL 协议。

[②] GPL，普遍公用版权协议（General Public License）的简称，由 Richard Stallman 在 1991 年发布，又被称为 Copyleft，同传统的版权 Copyright 区别在于：Copyleft 允许任何人以电子或纸质文件的形式，使用、修改和传播程序源码及相关的衍生文档；Copyright 要求程序传播者必须保证程序使用者获得源码的权利。

操作系统的运行。
- 支持多文件系统：Linux 支持多种文件系统，如 ADFT、CODA、EXT、ISO9660、MINIX、MSDOS、NCPFS、NFS、XENIX、FAT16、FAT32、NTFS 等十多种文件系统，它本身使用的文件系统 EXT2，则能提供最多达 4TB 的文件存储空间，文件名可以长达 255 个字符。
- 具有标准兼容性：Linux 遵从 POSIX 规范，它所构成的子系统支持所有相关的 ANSI、ISO、IETF 和 W3C 业界标准。为了使 UNIX System V 和 BSD 上的程序能直接在 Linux 上运行，Linux 还增加了部分 System V 和 BSD 的系统接口，使 Linux 成为一个完善的 UNIX 程序开发系统。另外，Linux 在对工业标准的支持上也做得非常好。
- 良好的可移植性：由于 Linux 的系统内核只有低于 10% 的源代码采用汇编语言来编写，其余都是采用 C 语言来完成的，因此平台的移植性很高。Linux 目前能运行的硬件平台是所有操作系统中最多的，而且还支持多个处理器（SMP）体系结构。
- 广泛的协议支持：Linux 是在 Internet 基础上发布并发展起来的，因此，对各类网络协议的完善支持是 Linux 的一大特点。同 UNIX 系统一样，Linux 使用 TCP/IP 为默认的网络通信协议。它有一整套的网络协议模块，不仅支持一般用户需求的 FTP、Telnet 和 Rlogin 协议，还支持 NFS（Network File System）协议、Netware 网络的 IPX 协议、Apple 网络的 AppleTalk 协议、访问 Windows 局域网的 Samba 协议，其他支持的协议还有 IPv4、SLIP、PLIP、DDP 和 AX.25 等。比起标准的 UNIX，Linux 能更加高效地处理网络协议，系统网络吞吐性能也非常好。
- 良好的用户界面：Linux 向用户提供了三种界面，即操作命令界面、系统调用界面和图形用户界面。其中图形用户界面可采用多个图形管理程序，来变更不同的桌面图案或是功能菜单，例如，Enlightenment、Sawfish、TWM 和 Window Maker，这点是 Windows 操作系统单一界面所无法比拟的。

1.6 Linux的发行版

如前所述，纯粹意义上的 Linux 是指内核 Kernel，它负责进程管理、存储管理、文件系统、网络通信，以及系统初始化（引导）等工作。内核版本是在 Linus 领导下的开发小组开发出的系统内核版本号，其版本命名规定：内核版本号由 3 个数字组成（r.x.y），比如以版本 2.4.20 为例，2 代表目前的主版本号，4 代表次版本号，20 代表对指定版本的错误修补次数。其中，次版本号为偶数的版本表明这是一个可以使用的稳定的版本，若为奇数则该内核是一个测试版本，可能不稳定。本书的实验系统将基于 Linux 的 2.4.20 版本的内核来实现。有关内核的最新信息，可访问 http://www.kernel.org 来获取。

然而对最终用户来说，一个完整的操作系统除了强大的内核（Kernel），还必须包括系统工具程序（Utilites）及应用软件（Application）。离开了编译器、多媒体工具、系统管理工具、网络工具、Office 套件等，用户就无法在此平台上开展工作。因此，实际上我们具体安装的 Linux 操作系统是配合 Linux 内核，再集成各类应用程序或工具而组成的整套操作系统，它们被称为 Linux 的发行版（Distribution）。这些发行版通常包括一个 C 语言及 C++ 编译器、Perl 脚本解释程序、外壳 Shell、图形用户界面 X 窗口系统，还有 X Server 及众多的应用程序等。

目前较流行的 Linux 发行版主要有下列几种。

1. Red Hat

图1-3 Red Hat Linux标志

Red Hat Linux（其标志见图 1-3）是目前最流行的 Linux 版本。它是 Red Hat 公司发行的，以使用方便、功能强大著称，它完善的系统配置，丰富的预装应用软件，还有图形用户界面都适合于初学者。Red Hat 的另一优点是它的 RPM（Red Hat Package Manager）包系统，提供了方便的软件安装和卸载等管理工具。Red Hat 的发行版本同时提供 GNOME 和 KDE 桌面系统。Red Hat Linux 是一个相当成功的商业产品，支持简体中文。它与许多大的公司保持着软件同盟关系，这包括 Oracle、IBM 和 Sun。

Red Hat Linux 9 之后，Red Hat Linux 的发展分为两个分支：由 Red Hat 公司提供的收费技术支持和更新的 Red Hat Enterprise Linux，以及由社区开发的免费的 Fedora Core。前者针对企业服务器而设计，方便用户建立一个可靠、安全和高效的服务平台。由于其收费，于是出现了根据 Red Hat Enterprise Linux 的源代码编译而成的第三方重建版本，可以免费使用，但没有 Red Hat 公司的任何技术支持。而 Fedora Core 作为 Red Hat Linux 个人版的延续，面向桌面用户，集成了最新的内核和软件包，更新周期也较短。此外，Fedora Core 版本也为 Red Hat Enterprise Linux 版本提供未来改进的测试。本书例证及实验平台均为 Red Hat Linux 9.0 版本，为操作系统基本理论做全面的介绍。但多数实验也同样适用于 Fedora Core 版本和 Red Hat Enterprise Linux 版本。

厂商网址为：www.redhat.com。

2. Debian

Debian 发行版（其标志见图 1-4）是 Internet 上应用第二广泛的版本，特别在 Linux 爱好者中较为流行，它是由一群志愿者程序员维护的完全非商业系统。但是，在它的发行版中也支持商业产品。这是一个最为自由的 Linux 发行版本，其中的软件包被包装成一个容易安装的格式（deb），它的 APT 包管理工具类似于 Red Hat 的 RPM 系统，可以很方便地进行软件的安装和升级。同时它也是一个同网络紧密联系的发行版本，由于它的开放及自由的特性，所有最新的软件出现，很快就会有相应的 .deb 包出现。现在 Debian 与 Corel 和 Sun 等公司保持着软件协作关系。目前，Debian 支持 Alpha、Intel、Mac86K 和 Sparc 平台。

图1-4 Debian标志

Debian 系统分为三个版本分支：stable、testing 和 unstable。截至 2005 年 5 月，这三个分支分别对应的具体版本为：Woody、Sarge 和 Sid。其中，unstable 为最新测试版本，其中包括最新的软件包，适合桌面用户。testing 版本都通过了 unstable 中的测试，相对较为稳定，也支持不少新技术（比如 SMP 等）。而 Woody 一般只用于服务器，支持的软件包大部分都已经过时，但是稳定性和安全性都非常高。

厂商网址为：www.debian.com。

3. 红旗 Redflag

红旗 Linux（其标志见图 1-5）是国产 Linux 发行版中最有影响的产品，由北京中科红旗软件技术有限公司推出。除了以良好的中文支持见长，该版本的主要特点是重新设计了 KDE 图形界面风格和操作习惯，菜单结构设计一目了然，配置工具设置快捷方便，十分接近 Windows 系统的界面和操作方式，保证用户能够轻松完成从系统安装、配置到使用的整个过程。红旗 Linux 包含了一系列常用的工具，基本能满足个人用户和政府的办公、上网、教育及娱乐等需求。该发行版本在国内政府部门中推广使用。

图 1-5　红旗 Redflag 标志

厂商网址为：www.redflag-linux.com。

4. SuSE

SuSE（其标志见图 1-6）最初是一个基于德语的发行版本，它在欧洲相当受欢迎，目前是世界范围发展最快的版本之一。它和 XFree86 合作开发 X86 上的 X Server。它有自己的一套设定程序叫作 SaX，方便用户进行设定，它的安装套件也采用 RPM 模式，安装、升级与卸载程序都很方便。SuSE 发行版提供 KDE 和 GNOME 两种桌面系统。它与某些商业软件捆绑发行，如 AdabasD 和 Linux Office Suite。当前，它只支持 Intel 平台。

图 1-6　SuSE 标志

厂商网址为：www.suse.com。

5. Mandriva

Mandriva，原名 Mandrake Linux（其标志见图 1-7），是另一个非常流行的 Linux 版本，它是基于 RedHat 的发行版，但定位为桌面市场的最佳 Linux 版本，注重于提供最新的升级版本、易于安装和 GUI 方式配置。

厂商网址为：www.mandriva.com。

图 1-7　Mandriva 标志

6. Turbo Linux

Turbo Linux（其标志见图 1-8）是 Turbo Linux 公司推出的一个发行版本，提供英语、汉语和日语版本，该版本在东亚地区广泛发行，对中文的支持较好。该版本包括一些自己的软件包，例如，用来自动更新应用程序的 TurboPkg、TurboDesk 桌面系统和集群 Web 服务器。它也支持 Red Hat RPM 包，目前只支持 Intel 平台。

图 1-8　Turbo Linux 标志

厂商网址为：www.turbolinux.com。

7. Slackware

Slackware（其标志见图 1-9）是一个以前使用广泛的发行版，这个版本的特点是非常注意保持与 UNIX 标准的一致性，并以完全可定制见长，但在软件安装方面稍显复杂。目前，它只支持 Intel 平台。

厂商网址为：www.slackware.com。

图 1-9　Slackware 标志

8. OpenLinux

图1-10 OpenLinux标志

OpenLinux（其标志见图1-10）是由 Caldera 公司为商业用途而推出的发行版，它不提供 GNOME 桌面系统。Caldera 免费发行其 OpenLinux 系统。但提供的一系列具有所有权的商业 Linux 版本均需收费。目前，它只支持 Intel 平台。

厂商网址为：www.caldera.com。

下面介绍的几款 Linux，主要适用于 Linux 爱好者学习研究用。

9. GENTOO

GENTOO（其标志见图1-11）是基于源代码的 Linux 发行版，它可以在一个裸机上根据源代码编译出一个完整的 Linux 操作系统，也可以像其他发行版那样安装已经编译好的软件包。如果选择自己编译源代码，花的时间长达十几个小时，并且需要 Internet 环境。根据源代码安装 Linux 的优点在于：能让用户加深对 Linux 系统的理解；本机编译优化，大大提高整体性能；CPU 的潜能被发挥至极限。

图1-11 GENTOO 标志

官方网址为：www.gentoo.org。

10. LFS

图1-12 LFS标志

LFS（Linux From Scratch）（其标志见图1-12）是纯粹地根据源代码编译来的自制 Linux 操作系统，因此，严格地说 LFS 并不是一个 Linux 发行版。安装它，需要事先安装一个 Linux 和一份安装手册。按照安装手册的说明在网上下载相应的源代码，在现有的 Linux 系统上编译另一个能够独立运行的 Linux。LFS 安装较困难，它没有软件包的概念。

官方网址为：www.linuxfromscratch.org。

11. KNOPPIX

KNOPPIX（其标志见图1-13）是基于 Debian 的无须安装、以光盘开机即可使用的 Linux 发行版本。这类从 CD 上直接运行的 Linux 操作系统被统称为 Linux Live CD。KNOPPIX 是目前使用范围最广、最自由的 Linux Live CD 发行版。整个操作系统仅存于一张光盘中，不需要进行任何安装并包含所有的因特网、办公和娱乐软件工具。其简体中文版中自带五笔、拼音和区位输入法等小程序。KNOPPIX 适用于没有条件安装 Linux，但想体验 Linux 环境的用户。同时它也是个很好的学习研究 Linux 的工具。它也提供硬盘安装、用户自行定制等功能。

图1-13 KNOPPIX标志

官方网址为：www.knopper.net/knoppix/。

1.7 Linux的应用软件

虽然在性能、安全和价格三个方面，Linux 有着相对其他操作系统的明显优势，但作为一个运行在计算机硬件上的基础平台，是否有丰富的应用软件支撑才是决定这个操作系统能否被市场认可的重要因素。所幸的是，已经出现了越来越多的基于 Linux 的客户端和服务器端的应用软件。其中大部分运行在 UNIX 系统的工具已经被移植到 Linux 系统上，包括几乎所有 GNU 的软件和库，以及多种不同来源的客户端软件。所谓移植，即直接在 Linux 机器上编译源程序而不需修改，或只需很少的修改，这是因为 Linux 系统完全遵循 POSIX 标准。

越来越多专为 Linux 开发的应用程序在 Internet 上随处可见。除此之外，在各个 Linux 发行版中也都已内置了许多常用的软件，这些内置的软件从办公软件、多媒体播放器、绘图工具到 Internet 工具、程序语言开发包、数据库等几乎可满足一般用户的需求，而且它们大多是按照 GPL 许可发布的自由软件。

常见的基于 Linux 的应用软件根据网上的资料整理如下。

- 文本编辑：vim、gedit、AbiWord、Emacs、X Emacs、Nedit、joe、pico、jed。
- 十六进制编辑器：hexedit、ghex、mc。
- 编程开发工具：gcc、make、perl、RHIDE、Xwpe、Kdevelop、QT、Kylix、JDK、Eclipse、Perl、PHP。
- Shells：bash、tcsh、ash、csh。
- Web 浏览器：mozilla-firefox、mozilla、opera。
- FTP：
  - FTP 客户端（图形）：gftp、Iglooftp-1.23。
  - FTP 客户端（终端）：lftp、ncftp。
  - FTP 服务器：pureftpd、proftpd、vsftpd、WU-FTPD。
- HTTP：
  - HTTP 下载（终端）：wget、curl、prozilla。
  - HTTP 服务器：Apache、Tomcat、Resin。
- BT 下载：bittorrent（终端）、azureus（图形界面）。
- Email：
  - Email 软件（图形）：thunderbird、sylpheed、evolution、opera M2。
  - Email 终端：mutt、pine、gnus。
- RSS：liferea。
- 即时通信：
  - QQ：lumaqq、Gaim+openq plugin。
  - MSN、ICQ、yahoo：Gaim。
- Office 套件：openoffice、starsuite。
- PDF 文件：xpdf、acroread for linux、ggv。
- PS 文件：gsview、ggv、kghostview。
- CHM 文件：archmag、chmsee、Xchm、chmviewer。
- MHT 文件：ripmime、firefox+MAF 插件。
- 图表绘制：dia。
- bin 虚拟光盘：用 bin2iso 或 bchunk 转成 ISO 后的 mount。
- 光盘刻录工具：Xcdroast、cdwrite、cdrecord。

- 文件压缩：
  - RAR：rar for linux 或 unrar。
  - ZIP：unzip。
  - bz2：bunzip2。
  - tar/.tgz：tar。
  - jar/.xpi：ark。
- 媒体播放：
  - divx：mplayer。
  - rm：realplayer10 for linux、mplayer。
  - MP3：xmms,beep media player、mplayer。
  - ape：xmms+monkey' saudio plugin。
  - wma、wmv、mkv、quicktime：mplayer。
- 中文输入法：scim、fcitx。
- BBS 软件：qterm、{rxvt、xterm、gnome-terminal、…}+BBSbot。
- 图片浏览：gImageView、gqview。
- 图片处理：gimp、ImageMagick。
- 英汉字典：
  - Stardict：屏幕取词，英汉、汉英、英英互译，词库较大。
  - Ibmdict：含科技词典，英汉、汉英互译，词库较大。
  - Dictd：英汉、汉英互译，可使用 stardict 的全部词库。
  - Cdict：英汉、汉英互译，使用安装方便，彩色显示。
- 科学计算：matlab、octave。
- 科学作图：gnuplot、metapost。
- 虚拟机：
  - WIN 下虚拟 Linux：cygwin、virtual-pc、colinux。
  - Linux 下虚拟 WIN：win4lin。
  - 跨平台：vmware、bochs。
  - Linux 下运行 Windows 程序：wine、winex、crossover office。
- 游戏：FreeCe、Gnibbles、gataxx、Glines、FreeCiv、xbill、Chess、xbl。
- X 窗口管理工具：Enlightenment、Sawfish、TWM 和 Windown Maker。

1.8 Linux资源

目前，几乎任何一个 Linux 主题都有大量的在线资源，从内核开发、软件下载到编程、Linux 文档应有尽有。以下仅列出一些主要的、知名度较高的国内外站点。

1. Linux新闻组

- comp.os.linux.announce   Linux 的最新进展、新发布的软件、错误修正
- comp.os.linux.answers   发布 Linux 的文档，如 FAQ、HOWTO

- comp.os.linux.setup　　　　　　　讨论如何安装 Linux
- comp.os.linux.admin　　　　　　　讨论 Linux 的管理
- comp.os.linux.networking　　　　　讨论 Linux 的网络问题
- comp.os.linux.hardware　　　　　　讨论 Linux 的硬件问题
- comp.os.linux.x　　　　　　　　　讨论 Linux 的 X-Window 使用问题
- comp.os.linux.misc　　　　　　　　讨论 Linux 的其他问题，不做分类
- comp.os.linux.development.apps　　讨论 Linux 的软件开发
- comp.os.linux.development.system　讨论 Linux 的核心开发
- cn.bbs.comp.linux　　　　　　　　讨论 Linux 的中文新闻组

2．WWW 站点

（1）国外
- www.kernel.org　　　　　　Linux 内核发布官方站点
- www.linux.com　　　　　　一个 Linux 门户，含有与 NewsForge、Documents 和 Freshmeat 软件相连的链接
- www.linux.org　　　　　　一个 Linux 门户，含有文档、新闻、下载、评论等
- www.justlinux.com　　　　 一个面向较初级 Linux 用户的重要资源，含有基本 Linux 操作的指南和文章
- www.linuxquestions.org　　一个主要致力于 Linux 问题与解答的论坛
- www.linuxhardware.net　　　Linux 硬件资料
- www.linuxprogramming.org　Linux 编程资源
- www.li.org　　　　　　　　Linux 国际 Web 站点

（2）国内
- www.linux.org.cn　　　　　Linux.org 的中文站点
- www.cnunix.net　　　　　　中华 UNIX 技术联盟
- www.linuxaid.com.cn　　　　LinuxAid 技术支持中心
- www.linuxdby.com　　　　　Linux 大本营
- www.linuxeden.com　　　　　Linux 伊甸园
- www.csdn.net/linux/　　　　CSDN 开辟的 Linux 频道
- www.linuxsir.org　　　　　　黄嘴企鹅论坛
- www.linuxforum.net　　　　 中国 Linux 论坛
- www.linuxfans.org　　　　　中国 linux 公社

Linux 是由世界各地的开发人员协作开发出来的，他们共享自己在线学到的东西，后来者也可以从他们的经验中受益。所以，能否善于利用这些资源，可以说较大程度地决定了一个用户对 Linux 的掌控能力。

第2章

Linux的安装

Linux 从早期的纯字符操作界面到如今的图形界面，经过这些年的发展，它已经不是昔日令初学者望而生畏的"模样"了。相反，它呈现出来的漂亮桌面，可中文化的操作环境，与 Windows 可媲美的丰富应用软件，常常会令一个计算机爱好者跃跃欲试。而现代版的 Linux 操作系统从安装开始，就提供极具亲和力的用户界面（GUI），自动识别各种图形卡和鼠标，支持绝大多数的硬件设备，较少的用户交互干预，这些都大大降低了学习与使用 Linux 的门槛。

在琳琅满目的 Linux 发行版中，Red Hat Linux 一直以提供最为简易的图形化安装过程、方便直观的图形配置工具而受到用户的青睐。也由于其广泛性，初学者往往可以在各 Web 站点得到较齐全的资料和技术解答。本书选用 Red Hat Linux 作为平台，力图方便读者以较快的速度入门，并能在书本之外有继续深入的空间。事实上，Red Hat Linux 可以说是 Linux 发布的事实上的标准，很多其他发布 Linux 的公司也都以 Red Hat Linux 为基准或向其靠拢或超越。

Red Hat Linux 9 是 Red Hat 公司 2003 年 4 月发布的版本，在 Red Hat Linux 9 当中采用了 Linux 2.4.20 内核和 Apache 2.0 的 Web 服务器，默认安装了 Mozilla 1.2.1 浏览器、Ximian Evolution 电子邮件客户端软件、Gaim 0.59.8 即时通信工具，以及 Openoffice.org 提供的办公套件等。比起前一个版本，Red Hat Linux 9 改进了安装过程，可以提供更好的字体浏览、打印服务等。

2.1 Red Hat Linux 9 版本的获得

Red Hat Linux 版本的获得常规有以下两种途径。

1. 通过软件厂商购买正版发行的软件

一般来说，这样得到的软件比较省时省力，同时可获得详细的使用手册和附加的应用软件，并且利用光盘引导，安装方便。由于 Linux 属于开源的自由软件，所以购买费用远比 Windows 产品要低得多，在国内，一般需要人民币 60 元左右。

但由于目前 Red Hat Linux 分化为 Fedora 和 Red Hat Enterprise Linux 两个版本，Red Hat 公司不再对 Red Hat Linux 9 提供技术支持，所以读者已不能在市面上购得 Red Hat Linux 9 版本。

2. 下载文件发布（ISO）

现在国内外很多 Linux 的 FTP 免费网站上都提供 Red Hat Linux 9 的安装 ISO 映像文件，用户可以在这些网站上自由下载。由于多数用户目前都有宽带上网条件，采用这种方式比较普遍。其中 Red Hat 的官方 FTP 站点是"ftp://ftp.redhat.com/pub/redhat/linux/9/en/iso/i386/"。用户可以在微软 Windows 平台上使用 IE 浏览器或常见的 FTP 客户软件下载，例如，FlashGet、CuteFTP、FlashFXP 等。Red Hat Linux 9 包括三个 ISO 文件，如图 1-14 所示。

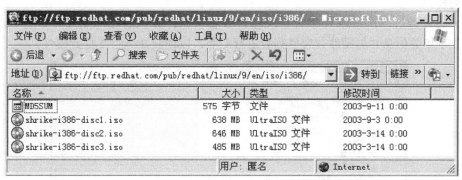

图1-14　下载Red Hat Linux 9 的ISO文件

将 ISO 文件下载到本地硬盘后，用户可以直接从硬盘安装或将其刻录成光盘后用光盘安装。无论哪种方法，除了安装启动过程不同，中间的设置步骤都相似。

2.2　计算机硬件准备

1. 最低硬件需求

Linux 最低只需 80386SX 等级的 CPU 和 4MB 内存就可以运行。Linux 有纯文字模式及 X Window 的图形模式两种操作界面，假如只需使用纯文字模式，最基本的计算机就已经绰绰有余了，就如同使用 DOS 一样，不需要高级的配置。

尽管如此，为使 Red Hat Linux 9 使用时能充分发挥其性能，Red Hat 官方推荐如下在 PC 上最低硬件需求。

（1）CPU

　　　文本模式：200MHz Pentium 系列或更高。

　　　图形化模式：400MHz Pentium II 或更高。

（2）硬盘空间

　　　定制安装：475MB 以上。

　　　服务器安装：850MB 以上。

　　　个人桌面：1.7GB 以上。

　　　工作站：2.1GB 以上。

　　　完全安装：5.0GB 以上。

(3) 内存

文本模式至少需要：64MB。

图形化模式至少需要：128MB（建议 192MB 以上）。

2. 硬件兼容性列表

某些指定安装模式及（或者）安装后的使用可能需要其他硬件部件（如视频卡和网卡）的兼容性或可用性。关于硬件兼容性的详情，请参阅 http://hardware.redhat.com/hcl/ 上的硬件兼容性列表。

用户可以通过 Windows 环境设备管理器查看自己计算机的硬件型号，如图 1-15 所示。然后记录下相关信息并与硬件兼容性列表进行对照，以便获知是否支持此硬件。

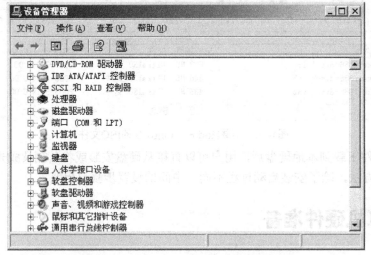

图1-15　在Windows环境下查看硬件型号

2.3　硬盘空间准备

几乎每种操作系统都使用磁盘分区，Red Hat Linux 9 也不例外，而且它至少需要两个分区。因此，在安装之前，需要为 Red Hat Linux 9 建立相应的分区。很多用户由于是在现有运行 Windows 的机器上安装 Linux 操作系统的，如果分区不当则将会对原有系统造成致命的破坏。这里就先来介绍硬盘分区的相关知识及如何为 Linux 安装划分硬盘空间。

1. 硬盘分区知识

现代的硬盘容量越来越大，可达到上百 GB 大小。为了让数据能够分类存放，也为了安全上的考虑，常常将一个硬盘分成好几个区域。每个分割出来的区域，就被称为一个"分区"（Partition）。这样物理上的同一硬盘区域在逻辑上被分成几个各自独立的空间，每一空间内的数据损坏不会造成整个硬盘数据丢失。

在 Windows 2000/XP/2003 操作系统上，可以通过选择"开始"→"设置"→"控制面板"→"管理工具"→"计算机管理"菜单命令，然后在打开的窗口左侧的栏目中单击"磁盘管理"，即能看到类似如图 1-16 所示的磁盘分区情况。

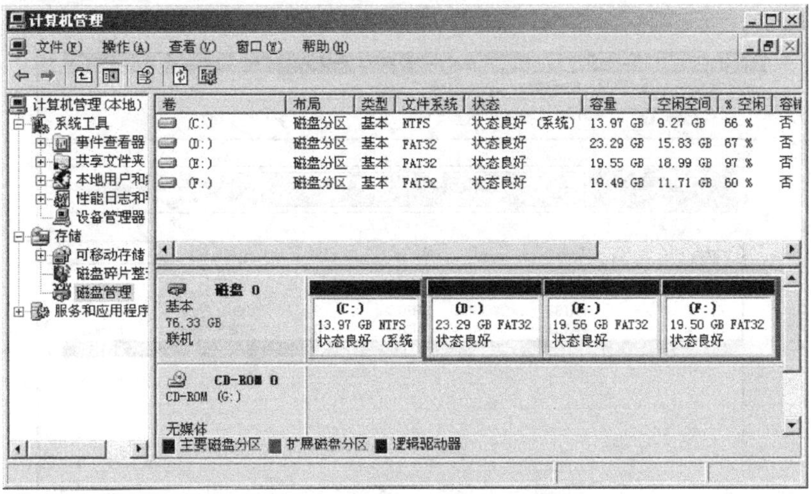

图1-16　Windows下查看分区情况

硬盘分区按照功能的不同可分为主（Primary）分区、扩展（Extended）分区及逻辑（Logical）分区 3 种。

● 主分区：通常在划分硬盘的第一个分区时，会指定为主分区。使用 Windows 98/Me 所带的 FDISK.exe 程序划分硬盘时，一个硬盘最多只允许 1 个主分区。若使用专门的分区工具，如 Partition Magic，Linux 的 fdisk，则最多可创建 4 个主分区。图 1-16 中，C 盘为主分区。

● 扩展分区：由于一个硬盘最多只允许拥有 4 个主分区，要创建更多的分区，就得利用扩展分区机制的产生。用户可先创建一个扩展分区，然后在扩展分区上创建多个逻辑分区。扩展分区本身不能直接存放数据，它的主要功能是为创建逻辑分区服务。理论上，逻辑分区没有数量上的限制。一个扩展分区会占用一个主分区的位置。如果创建了扩展分区，此时一个硬盘最多只能创建 3 个主分区及 1 个扩展分区。图 1-16 中，包括 D、E、F 盘的整个区域为扩展分区。

● 逻辑分区：逻辑分区必须依附在扩展分区之下，所有逻辑分区总容量不可能超过扩展分区。图 1-16 中，D、E、F 盘均为逻辑分区。

2．为Linux安装分配硬盘空间

在安装 Linux 前，必须准备好硬盘空间。要完全安装 Red Hat Linux 9，至少需要 5.0GB 的硬盘空间，但为了以后再安装一些软件，或存储其他的数据，建议保留 7GB 未分配的空间给 Red Hat Linux 9。

如果计算机的硬盘是一个未分区过的硬盘，那就可以直接安装 Red Hat Linux 9，安装时在"磁盘分区设置"中选择"自动分区"，余下采用默认设置即可，较为简单，这里不再详细说明。

对于更多的读者来说，可能需要在已安装了 Windows 操作系统的机器上去安装 Red Hat Linux 9，这里介绍一下硬盘空间再分配的方法。一般情况下，我们可利用 Partition Magic 工具来完成。Partition Magic 是一个专业的分区工具，有 Windows 版本和 DOS 版本，它可以实现无损分区，即在不破坏现有分区内的数据的前提下，对硬盘分区再调整。例如，现有一个主分区和三个逻辑分区，使用 DOS 版的 Partition Magic 显示的分区情况，如图 1-17 所示。

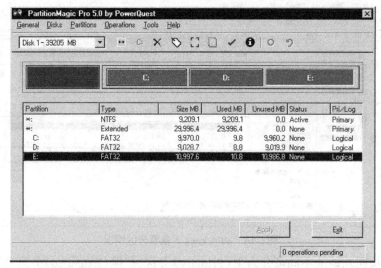

图1-17　Partition Magic 显示的分区情况

图 1-17 中，由于主分区采用的是 NTFS 格式，DOS 版本的 Partition Magic 不分配盘符给主分区，所以盘符 C 被分配在第一个逻辑分区。

Linux 安装至少需要 2 个分区，一个是原生分区（Native），供 Linux 存放所有文件；另一个则是交换分区（Swap），作为虚拟内存使用。

现在打算利用最后一个逻辑盘 E，为 Red Hat linux 9 开辟出原生分区和交换分区。这之前，需要先将 E 盘清空。一般交换分区的最小值应该相当于计算机内存的两倍。创建一个有较大空间的交换分区将有助于用户未来升级内存。在这里，我们准备创建一个 512MB 的交换分区。为此需要从 E 盘分离出一个 512MB 的新空间。在图 1-17 所示界面中先选中 E 盘,然后单击"↔"按钮，将看到图 1-18 所示的对话框，通过调整，可在右侧多出 509.9MB 的未分配空间来。

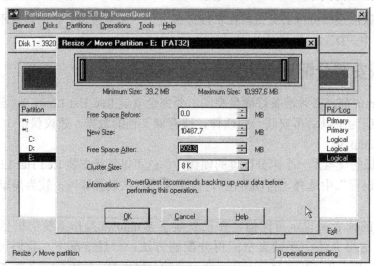

图1-18　从逻辑分区E盘中划出509.9MB未分配空间

接下去，准备将未分配空间移出扩展分区。如图 1-19 所示，先选中整个扩展分区。

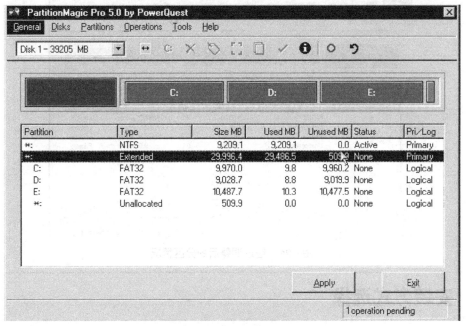

图1-19 选中扩展分区

在弹出的对话框（见图 1-20）中，减小扩展分区，从而把未分配空间移出扩展分区。调整后的分区情况如图 1-21 所示。

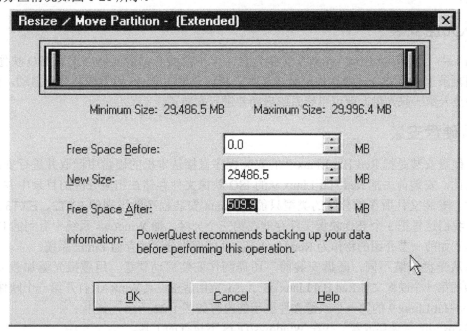

图1-20 调整扩展分区

最后实施对分区所做的修改，单击"Apply"按钮，等待数分钟，完成后即可准备下一步的 Red Hat Linux 安装。

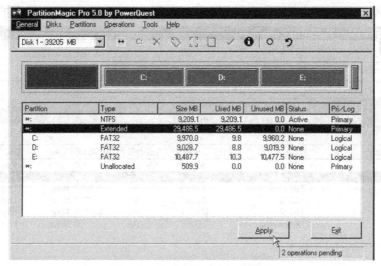

图1-21　经过调整后的分区情况

2.4 安装方式选择

安装 Red Hat Linux 9 的方法有：从光盘安装、从硬盘安装、通过 NFS 映像安装、通过 FTP 安装和通过 HTTP 安装。这里介绍目前最常用也是最方便的从光盘安装和从硬盘安装两种方法。

1．从光盘安装

如果手上没有 Red Hat Linux 9 安装光盘，可按前面介绍的从网上下载 ISO 映像文件，然后用刻录工具将 ISO 映像文件刻录成光盘。将计算机的 BIOS 设置成从光盘启动，然后在光驱中放入第一张光盘，就可引导系统启动并进行安装了。

2．从硬盘安装

从硬盘安装是把 Red Hat Linux 9 的安装程序直接从本机的硬盘中读取并进行安装的方法。为此，安装前先把 Red Hat Linux 9 的 ISO 映像文件存储在相应分区的目录中并作为安装文件。安装文件所在的分区的类型只能是 Linux 安装程序能识别的 EXT2、EXT3 或 FAT 格式。我们这里把 3 个 ISO 映像文件存储在第三个分区，即 Windows 系统中看到的 E 盘中。而 F 盘正如前一节介绍的将作为 Red Hat Linux 9 的原生分区，存储 Linux 系统。

与从光盘安装不同，硬盘安装前，还需制作安装启动软盘。用虚拟光驱加载 Red Hat Linux 9 的第一个映像文件 Red Hat Linux_i3_A.iso，或用解压工具 WinRAR 打开第一个映像文件。

Red Hat Linux 9 的第一个映像文件显示的内容如图 1-22 所示，其中：

① dosutils 目录存放着一些在 Windows/DOS 下执行的工具。

② images 目录存放着制作安装启动软盘的映像文件。

③ isolinux 目录存放着光盘自启动所需的文件。

④ RedHat 目录存放着基本系统和 RPM 包。

图1-22　Red Hat Linux 9 的第一个映像文件内容

要制作安装启动软盘，需要执行如下的步骤：

①如果使用 WinRAR 打开映像文件，请先对 dosutils 和 images 目录进行解压。
②进入 \dosutils\rawritewin 目录。
③单击 rawritewin.exe 应用程序。
④在弹出的对话框中选择映像文件 \images\bootdisk.img。
⑤将软盘插入软驱，单击"Write"按钮将映像文件写入软盘。
⑥单击"Exit"按钮，制作完毕。

如果要在笔记本电脑上安装 Red Hat Linux 9，则还要用同样的方法制作另一张附加安装软盘，映像文件为：\images\pcmciadd.img。

其中步骤②～④如图 1-23 所示。

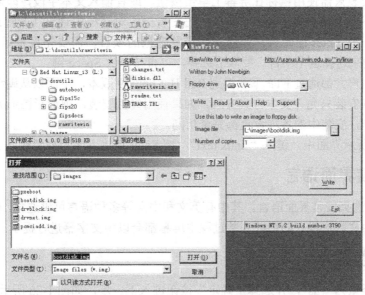

图1-23　制作安装启动软盘

2.5 安装前配置

1. 安装引导

将光盘放入光驱重新引导计算机，或者将前一节中制作的安装软盘放入软驱，计算机启动后会见到如图 1-24 所示的界面。

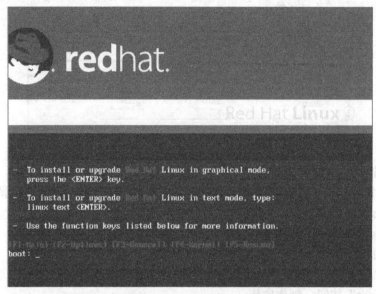

图1-24　Red Hat Linux 9的安装引导开始信息

Red Hat Linux 9 的安装方式按照界面进行划分可分为图形界面安装（Graphical Mode）和字符界面安装（Text Mode）。

图形界面安装只需使用鼠标在屏幕上单击按钮，或者输入文本字段，即可完成安装。而字符界面安装只使用 Tab 和 Enter 键操作。在安装提示对话框中通过 Tab 键或 Alt ＋ Tab 组合键定位光标，按 Enter 键确认。如遇一个带复选框的项目，需要先将光标移至复选框内，然后按 Space 键来选择这个项目，要取消选择，可再按一次 Space 键。

由于目前用户大都通过 FTP 下载得到 Red Hat linux 9 版本，下面以从硬盘安装为例进行介绍，而从硬盘安装只允许文本方式安装。如果使用光盘安装，则选择图形界面方式，除了可采用鼠标操作，安装中的各项设置都完全相同。

在图 1-24 所示界面中，键入"linux text"，按 Enter 键进入字符安装模式。

2. 选择安装界面语言

接下来，需选择安装界面语言。其中有英文和中文等多种语言可供选择，如图 1-25 所示，这里选择简体中文，这样在随后的安装过程中屏幕都会以中文字幕进行提示。

3. 选择键盘类型

选择键盘类型为"us"，并选择"确定"按钮进入下一步，如图 1-26 所示。

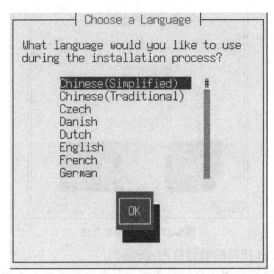

图1-25 选择安装界面语言

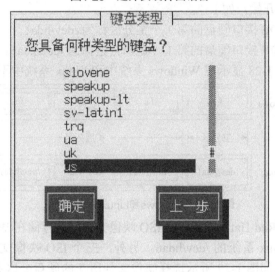

图1-26 选择键盘类型

4．选择安装方法

接下来要选择安装方法，共有本地光盘、硬盘驱动器、NFS 映像、FTP 和 HTTP 5 种安装方法可供选择，如图 1-27 所示。这里选择"硬盘驱动器"，并选择"确定"按钮进入下一步。

5．挂载ISO映像文件

接下去，需要选择安装文件所在的硬盘分区和相应的目录。与 Windows 用盘符标识分区不同，在 Linux 中，采用设备名来标识各个分区。磁盘设备名称命名规则如下：

①系统的第一块 IDE 接口的硬盘称为 /dev/hda。
②系统的第二块 IDE 接口的硬盘称为 /dev/hdb。
③系统的第一块 SCSI 接口的硬盘称为 /dev/sda。

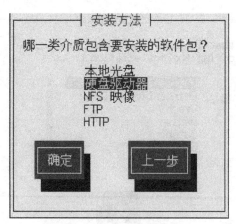

图1-27　选择安装方法

④系统的第二块 SCSI 接口的硬盘称为 /dev/sdb。

而每一硬盘中各分区则使用数字编号表示，其中数字编号 1~4 留给主分区或扩展分区使用，逻辑分区编号从 5 开始，如：

- 系统的第一块 IDE 接口硬盘的第 1 个主分区称为 /dev/hda1。
- 系统的第一块 IDE 接口硬盘的第 1 个逻辑分区称为 /dev/hda5。

同一硬盘分区，图 1-28 显示在 Windows 系统中和 Linux 系统中不同的标识法。

图1-28　Windows和Linux的分区标识

此次安装实例中，Red Hat Linux 9 的 ISO 映像文件已被存储在 Windows 系统的 E 盘中，从图 1-29 可知对应 Linux 系统的 /dev/hda6。另外，三个 ISO 映像文件被放于 redhat9 文件夹内，这样我们需要按如图 1-29 所示选择映像文件所在的硬盘分区并键入包含映像文件的目录。

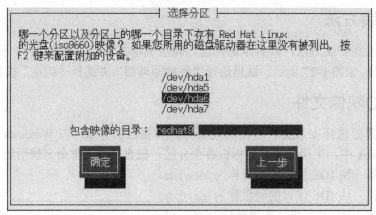

图1-29　选择ISO映像文件路径

6. 选择鼠标类型

选择"确定"按钮后，如果能正常找到 ISO 映像文件，接着就会出现 Red Hat Linux 9 的说明信息，选择"确定"按钮继续，进入鼠标类型选择界面，如图 1-30 所示。

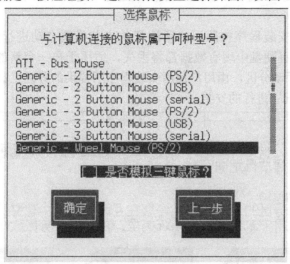

图1-30　鼠标选择

多数情况下，安装程序能够自动检测到系统所使用的鼠标类型。如果鼠标类型需要更正，则选中正确的鼠标型号，然后选择"确定"按钮继续。

7. 选择安装类型

Red Hat Linux 9 中有 4 种安装类型可供选择，分别是：
- 个人桌面。个人桌面安装，安装图形化桌面环境和应用程序，不安装服务器软件。
- 工作站。工作站安装，带有软件开发和系统管理的图形化桌面环境。
- 服务器。服务器安装，安装各类网络服务器。
- 定制。定制安装，由用户选择所安装的软件包。

这里，我们选择"定制"类型，如图 1-31 所示，选择"确定"按钮进入下一步。

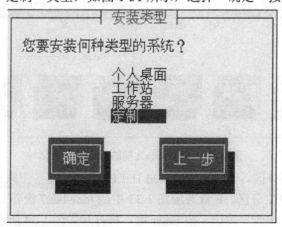

图1-31　选择安装类型

8. 磁盘分区设置

下面进入磁盘分区设置，首先进入如图 1-32 所示的选择分区方式的界面。

（1）选择分区方式。Red Hat Linux 9 的安装过程中提供两种对硬盘进行分区的方法，分别是：

① 自动分区。由安装程序按照用户所选择的安装类型自动进行分区，自动分区将重新建立硬盘分区，所有硬盘中现有数据都将丢失，适用于在一台新的机器上进行的安装。

② Disk Druid。手动分区，由用户使用安装程序所提供的分区工具手动进行分区，适用于保留现有分区的情况下进行的安装。

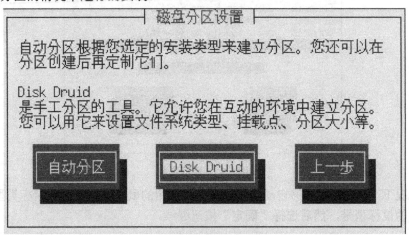

图1-32　硬盘分区设置

这里我们选择"Disk Druid"，然后按 Enter 键。

（2）查看现有分区情况。图 1-33 显示安装 Linux 之前的磁盘分区情况。

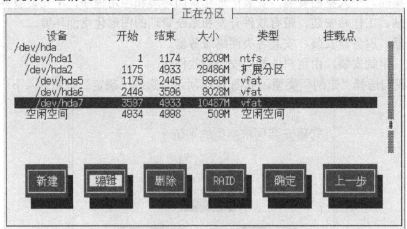

图1-33　安装Linux之前的磁盘分区情况

（3）挂载 Linux 根分区。为了要安装 Red Hat Linux 9，准备在原来 Windows 系统下的 F 盘分区创建 Linux 的原生分区。F 盘对应图 1-33 中的 /dev/hda7 设备名称。因此，选中 /dev/hda7，然后光标移到"编辑"按钮，按 Enter 键，将打开如图 1-34 所示的界面。

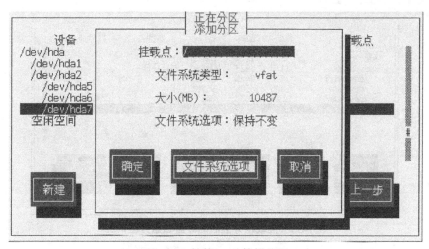

图1-34 挂载Linux的根分区

在"挂载点"处键入"/"符号,"/"代表根分区,是 Linux 系统目录树的根节点。接着将光标移到"文件系统选项",按 Enter 键,进入下一步。

(4)重建根分区的文件系统。根分区原来的文件系统类型为 vfat,需重建为 Linux 使用的 ext3 文件系统。在图 1-35 所示的文件系统选项对话框中,按 Space 空格键,选择"格式化成"选项,并在右边的类型中通过上下方向键选择"ext3",然后选择"确定"按钮。

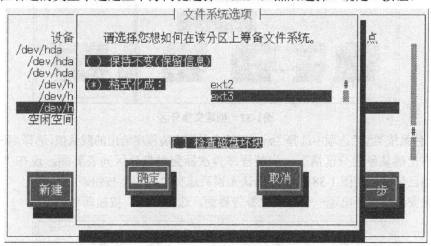

图1-35 "文件系统选项"对话框——重建根分区的文件系统为ext3类型

(5)返回磁盘分区列表界面。在图 1-35 所示的界面中各项设置确认无误后,选择"确定"按钮后,将返回前一个界面,系统可能会弹出一个警告框,提示"引导分区 / 可能没有满足您的体系的引导制约参数,大力提倡您创建一张引导软盘",可不予理会,选择"强行添加"。这时将再次回到反映硬盘分区情况的界面,只是 /dev/hda7 的类型已经更改为 ext3,如图 1-36 所示。

(6)创建交换分区。接下去创建交换(swap)分区。由图 1-36 可以看到我们前面用 Partition Magic 腾出的一个大小接近 509MB 的空闲空间,现选中该空闲空间,再将光标移至"编辑"按钮,按 Enter 键,进入如图 1-37 所示的界面。

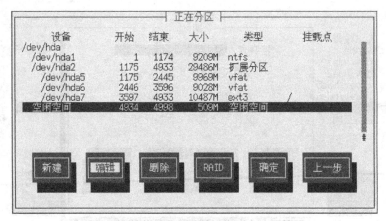

图1-36 挂载根分区后的硬盘磁盘分区情况

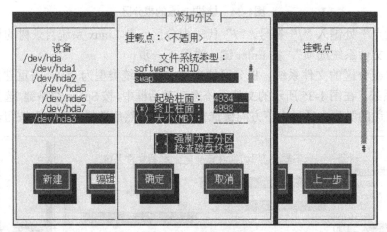

图1-37 创建交换分区

在"文件系统类型"选项中选择"swap",其余采用安装程序给出的默认值,选择"确定"按钮。

(7) 再次确认硬盘分区情况。安装程序再次回到磁盘分区列表界面,现在"/"分区和交换分区均已创建,如图1-38所示,确认无误后选择"确定"按钮。

接下来安装程序会出现一个格式化警告界面,选择"是"按钮即可。

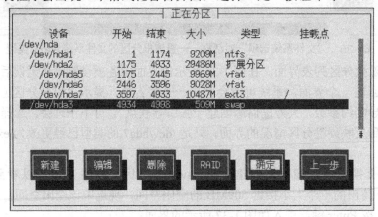

图1-38 确认硬盘分区情况

9. 配置引导装载程序

在 Red Hat Linux 9 中有 GRUB 和 LILO 两种启动引导装载程序可供选择使用。其中 LILO（Linux Loader）历史较长，而 GRUB（Grand Unified Bootloader）则后来居上，已经成为各 Linux 发行版本默认安装的引导装载程序，功能较强，特别是 GRUB 有一个特殊的交互式控制台方式，可以让用户手工装入内核并选择引导分区。

（1）选择启动引导程序。选用默认的"使用 GRUB 引导装载程序"，如图 1-39 所示，选择"确定"按钮继续。

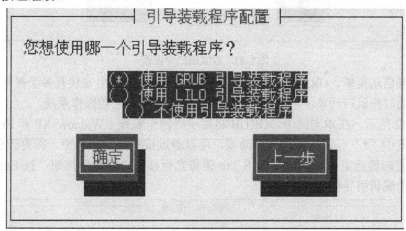

图1-39 选择启动引导程序

（2）配置启动引导程序参数。对于一些特殊的主机硬件（尤其是硬盘），需要对启动引导程序设置相应的参数才能够正常引导系统启动，在大多数情况下都是不需要的，保持设置为空即可，如图 1-40 所示，选择"确定"按钮继续。

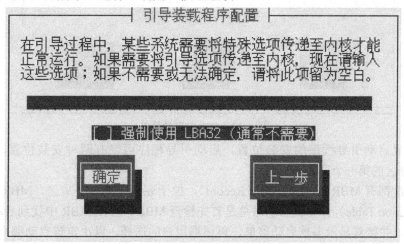

图1-40 启动引导程序配置

（3）设置启动引导程序口令。GRUB 提供了口令保护功能，如需设置口令，在图 1-41 中选择"使用 GRUB 口令"复选框，并键入相应的口令。建议初学者可不选择使用 GRUB 口令，待以后需要时再进行设置。

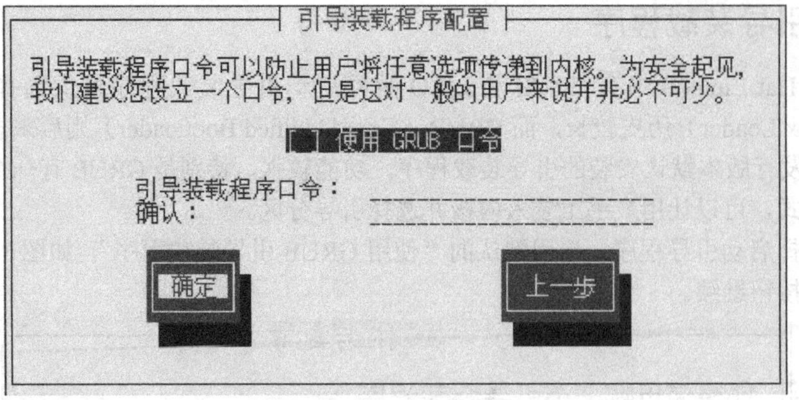

图1-41 GRUB口令设置

（4）配置启动菜单。GRUB 支持多操作系统启动，如硬盘中安装有多个操作系统，便可以在系统启动时提供启动菜单，用户通过选择菜单项启动相应的操作系统。

如图 1-42 所示，在本实例中，GRUB 将可引导两个系统：WidnowsXP 和 Red Hat Linux 操作系统。其中"*"标识的是默认启动项，可以通过按空格键来调整。需更改引导标签时，可以用上下方向键选定该标签，然后用 Tab 键将光标移至"编辑"按钮，按 Enter 键，在弹出的对话框中编辑引导标签。

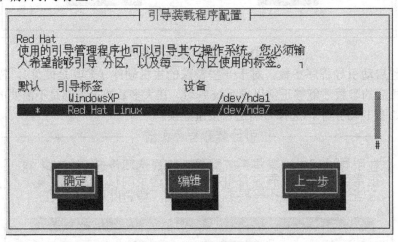

图1-42 GRUB启动菜单

（5）配置启动引导程序的安装位置。启动引导程序可以有两种安装位置，即 MBR 或 Linux 所在分区的第一个扇区。

每个磁盘都有 MBR（Master Boot Record），位于硬盘的第一个扇区。MBR 内含有硬盘分割表（Partition Table），计算机启动时总是首先检查 MBR。若在 MBR 中找到启动管理程序，则会去执行，并接着显示多重启动菜单，再根据用户的选择，以决定该启动哪个分区的操作系统。

所以，通常情况下我们将启动引导程序安装到 MBR，这样主机启动时就可以自动加载启动引导程序；如将启动引导程序安装到 Linux 所在分区的第一个扇区，还需要借助安装在 MBR 中的其他引导器引导到该 GRUB 启动引导程序，配置就比较复杂了。

这样，选择安装引导装载程序到硬盘的 MBR[即"主引导记录（MBR）"]，如图 1-43 所示，并选择"确定"按钮继续。

图1-43　GRUB的安装位置

10．网络设置

（1）网卡的设置。Red Hat Linux 9 的安装程序能够自动检测出主机所使用的网卡，并给出配置界面，如图 1-44 所示。

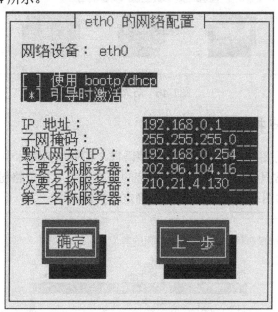

图1-44　网络接口配置

如果使用网络中的 DHCP 服务器为本机分配 IP 地址，则按空格键选中"使用 bootp/dhcp"复选框。若要配置静态 IP 地址，则选中"引导时激活"复选框，并在余下的各项配置栏中键入配置信息。具体这些数值该如何设置，也可询问网管人员或申请 ISP。

（2）设置主机名称。网络中的每台主机都要有主机名称，在图 1-45 中设置主机名称并选择"确定"按钮继续。

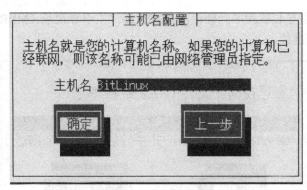

图1-45 配置主机名称

(3)设置防火墙。Red Hat Linux 9中内置了防火墙软件iptables,防火墙的安全级别可分为:高级、中级和无防火墙,也可以选择"定制"按钮进行自定义防火墙规则。这里就按照默认的安全级别"中级"设置,如图1-46所示,选择"确定"按钮继续。

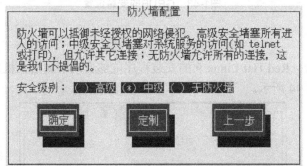

图1-46 防火墙配置

11. 选择系统所支持的语言

Red Hat Linux 9的图形界面可以支持多种语言,其中包括简体中文和繁体中文,而在控制台的文本方式下通常只使用英文。在所支持的语言列表中按空格键选择所要使用的语言,可以同时选择多种。如图1-47所示,选择"确定"按钮继续。

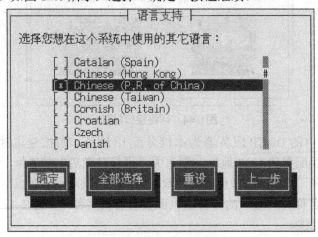

图1-47 选择支持的语言

12. 时区配置

设置完语言后，紧接着的是设置主机所在的时区了，如图 1-48 所示。选中"亚洲/上海"选项即可。

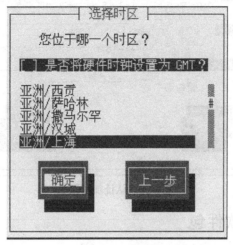

图1-48 配置

13. 设置root口令

根（root）账户是 Linux 系统中的超级用户，相当于 Windows 中的 administrator 账号。根账户用来安装软件包，升级 RPM，以及执行系统维护工作。以根账户登录，用户拥有对系统完全的控制权。系统第一次启动时需要使用该账号登录系统，建立其他的用户账号和进行系统管理。

在图 1-49 中，安装程序提示用户为系统设置一个根口令。根口令必须至少有 6 个字符。设置好后要牢记口令，否则将无法正常登录系统。

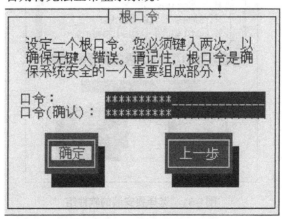

图1-49 设置根口令

14. 设置认证加密配置

认证加密配置这一步骤如无特殊需求，一般按图 1-50 所示采用默认值即可。

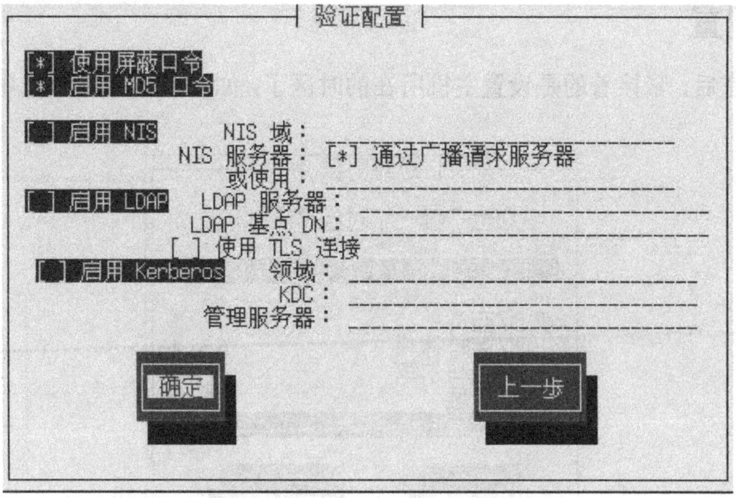

图1-50 认证加密配置

15．选择要安装的软件包

Red Hat Linux 9 的安装程序按照软件包的功能进行分组，用户可以选择安装相应的软件组，也可以根据用户需求进行每个软件包的选择。作为初学者，为了方便对 Linux 系统的全方位学习，建议把各软件包全部选上。为此，用上下方向键把软件包组列表拉到最后，用 Space 空格键选上"Everything"复选框，如图 1-51 所示。

图1-51 选择要安装的软件组

16．即将开始安装

在开始正式安装前，会出现如图 1-52 所示的提示，如需更改前面的设置，选择"上一步"按钮。确认无误后，选择"确定"按钮将进入正式安装过程。注意，这以后不能再更改前面的设置了。如想取消安装进程，可以使用 Ctrl+Alt+Delete 组合键来重启计算机。

图1-52　即将安装界面

2.6　进行安装

进行了前期的安装设置后，安装程序开始了真正的安装过程。

1．格式化文件系统

安装程序将按照前面所建立的分区类型格式化相应的文件系统，图 1-53 所示为格式化"/"根分区的过程。

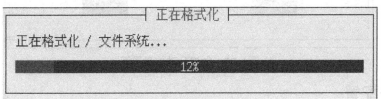

图1-53　创建文件系统

2．安装软件包

安装软件包占据了安装过程的大部分时间，整个过程时间视计算机的性能有所不同。如图 1-54 所示，软件包安装过程界面中显示出估算的总计时间、已完成时间和剩余时间，进度条显示每个安装包和所有安装包的安装进度。

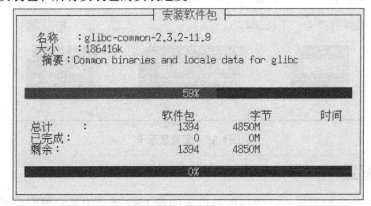

图1-54　软件包安装过程

2.7 安装后配置

1. 创建启动软盘

软件包安装后进入如图 1-55 所示的创建启动软盘界面，启动软盘用于在系统不能启动时，引导系统正常启动。为了使系统更加安全可靠，建议制作一张启动盘。不过，如果不想现在创建，也可选择"否"，留待以后创建。

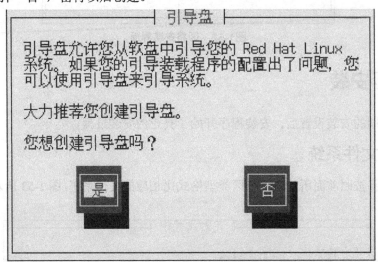

图1-55　创建启动软盘界面

2. 显示卡配置

安装程序中提供了显示卡自动检测配置功能，如果系统检测不正确，可以自行选择，如图 1-56 所示，否则选择"确定"按钮，进入下一步。

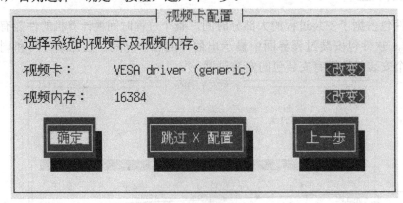

图1-56　配置显示卡

3. 显示器配置

接下来系统自动检测显示器的类型并进入如图 1-57 所示的显示器配置界面。若系统检测正确，直接选择"确定"按钮继续配置过程。如果系统检测不正确，用户可以根据自己的显示器类型自行选择，如果列表中没有对应的显示器型号，可以在列表中选择"未探测过的显示器"选项。

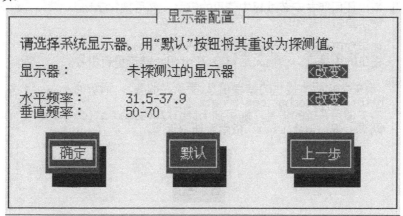

图1-57 显示器配置

4．配置色彩深度和屏幕分辨率

在如图1-58所示的界面中选择色彩深度和分辨率。默认登录若选择"图形化"，系统启动后将引导入图形化环境（与Windows环境相似）；如果默认登录选择"文本"，系统将引导入命令提示符环境（与DOS环境相似）。一般推荐选择"图形化"登录选项。

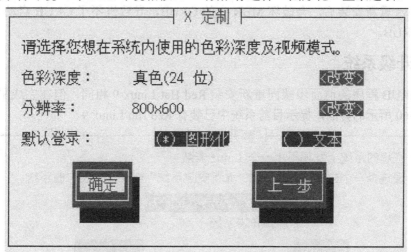

图1-58 定制X Window的桌面环境

配置完后，选择"确定"按钮继续。上述X配置也可在安装结束后再修改，通过在shell命令提示符下输入redhat-config-xfree86命令来启动X配置工具。

2.8 安装完成

在安装完成后，出现如图1-59所示的界面，这时选择"确定"按钮将重新启动系统。

图1-59 安装完成

2.9 恢复被Windows破坏的GRUB引导程序

在 Red Hat Linux 9 和 Windows 共存的多操作系统中，若 GRUB 引导程序安装在 MBR 中，则在 Windows 重新安装后，会破坏 MBR 中的 GRUB，导致进不了 GRUB 启动界面，这时需要恢复 GRUB。

1．选择升级系统

恢复 GRUB 程序的前面步骤同重新安装 Red Hat Linux 9 相同，但在完成鼠标选型后，出现如图 1-60 所示的界面，提示目前系统中已装有 Red Hat Linux 9。

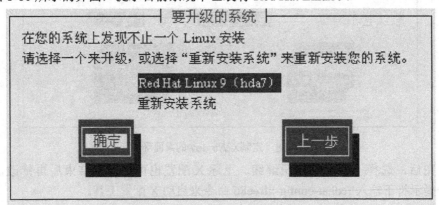

图1-60 重装Red Hat Linux 9出现的供升级的界面

注意，这时必须选择第一项"Red Hat Linux 9(hda7)"，即只是升级现有系统而非重新安装系统。然后选择"确定"按钮，进入图 1-61 所示的"定制要升级的软件包"界面。

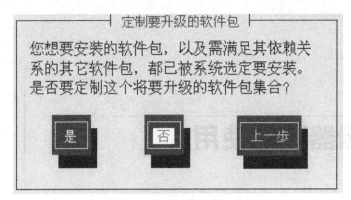

图1-61　定制要升级的软件包

此时可选择"否"按钮，进入下一步。

2．升级引导装载程序配置

由于原先的GRUB引导程序已被清除，在图1-62中须选择"创建新的引导装载程序配置"。

图1-62　创建新的引导装载程序配置

余下操作同前面介绍的Red Hat Linux 9初次安装步骤相同，这里不再赘述。

2.10　删除已安装的Red Hat Linux 9

如果由于种种原因，要将Red Hat Linux 9操作系统从计算机上删除，最简单的步骤是：

（1）使用Windows计算机管理工具中的磁盘管理工具删除磁盘上的所有Linux分区。这一步骤也可以使用Partition Magic来完成。

（2）如果GRUB装在MBR中，则删除Linux分区后重启系统还是会见到GRUB的启动画面。请用Windows启动盘启动系统，执行如下命令，将删除写在硬盘MBR中的GRUB引导程序。

C:>fdisk /mbr

第3章

文本编辑器Vi的使用

文本编辑器是所有计算机系统中最常使用的一种工具。在所有UNIX和Linux操作系统中，Vi编辑器是最基本的文本编辑器，无论是一般的文本文件、数据文件，还是编写的源程序文件，都能使用Vi来建立、编辑、显示和处理。Vi是"Visual Interface"的简称，它在Linux上的地位就仿佛DOS下的EDIT、Windows下的记事本，但它可以执行输出、删除、查找、替换、块操作等众多文本操作，而且用户可以根据自己的需要对其进行定制，这是其他编辑程序所没有的。尽管现代的Linux发行版也都提供了最新的基于图形环境下的其他文本编辑器，但Vi开销较小，功能却较强，以及兼容各种Linux系统，使得它历经数十年仍然被广泛使用。Vi虽然使用起来稍显复杂，可一旦掌握了它，就可在整个Linux的世界里畅行无阻。

3.1 执行与结束Vi

要进入Vi，可直接在系统提示符下键入Vi并加上文件名来打开一个现存的文件或是新创建一个文件，也可以直接输入Vi来编辑一个新文件。若直接输入Vi，则系统会打开如图1-63所示的界面，此方式下，只需在退出命令后输入文件名即创建了新的文件。

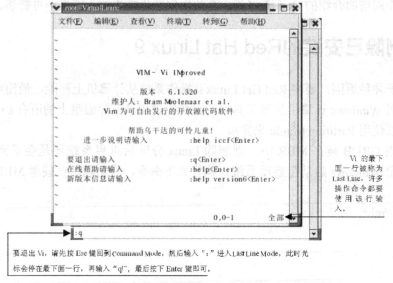

图1-63 在GNOME的终端窗口中打开的Vi文本编辑器

在 Red Hat Linux 9 中，Vi 已被发展成为 VIM（VI Improved），即 Vi 的加强版。若在系统提示符下键入 vim 也会出现同样的界面。Vi 的界面分为两个部分：编辑区和命令区。命令区在屏幕的最下方一行，可以在此处输入命令；而除了命令区之外的范围都属于编辑区，此区也就是实际进行文件编辑或程序编写的地方。

3.2 Vi的三种模式及相互切换

1. Vi的三种工作模式

（1）编辑模式（Command Mode）：这是进入 Vi 时的默认模式，主要功能是控制光标的移动、删除字符、区段复制。

（2）插入模式（Insert Mode）：唯一的功能是文字数据的输入，按 Esc 键可以回到编辑模式（Command Mode）。

（3）命令模式（Last Line Mode）：保存文件、退出 Vi，以及其他的设置，例如，查找或取代字符串等。

2. Vi三种工作模式之间的相互切换

（1）编辑模式（Command Mode）→插入模式（Insert Mode）。
- 按 a 键：从当前光标所在位置的下一个字符开始输入。
- 按 i 键：从光标所在位置插入新输入的字符。
- 按 o 键：新增加一行，并将光标移动到下一行的开头。

注意：在 Command Mode 下输入命令时，如 a、i、o 等字符并不会显示出来。

（2）插入模式（Insert Mode）→编辑模式（Command Mode）：只需按下 Esc 键。

（3）编辑模式（Command Mode）→命令模式（Last Line Mode）：输入"："键即可。

（4）命令模式（Last Line Mode）→编辑模式（Command Mode）：输入命令后回车即可。

不同模式的切换及主要功能如图 1-64 所示。

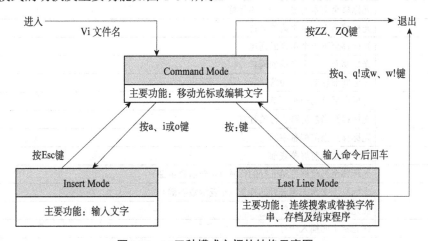

图1-64　Vi三种模式之间的转换示意图

3.3 编辑模式下的操作

编辑模式（Command Mode）中可用的功能键有很多，这里列出常用的编辑命令。

1．插入文本（见表1-1）

表1-1 插入文本

命令	说明
i	在光标前插入文本
a	在光标后插入文本
I	在当前行的前端插入文本
A	在当前行的末端插入文本
O	在当前行前插入一行
o	在当前行后插入一行

2．移动光标（见表1-2）

表1-2 移动光标位置

命令	说明
h、j、k、l	分别用于光标左移、下移、上移、右移一个字符
Ctrl + b	向后滚动一个屏幕（即PgUp）
Ctrl + f	向前滚动一个屏幕（即PgDn）
Ctrl + u	向后滚动半个屏幕
Ctrl + d	向前滚动半个屏幕
Ctrl + e	向后滚动一行
Ctrl + y	向前滚动一行
0（数字）	光标移至该行的行首
$	光标移至该行的行尾
G	光标移至文本的最后一行的行首
W 或 w	光标移至下一个单词的词首
e	光标移至下一个单词的词尾
b	光标移至上一个单词的词首
{	光标向前移动一个段落
}	光标向后移动一个段落
H	光标移至当前屏幕首行的行首
M	光标移至当前屏幕中间
L	光标移至当前屏幕底部
n + H	光标移至当前屏幕第n行的行首（n表示数字键）
n + G	光标移至文本的第n行的行首（n表示数字键）
o（字母）	在光标下面插入一行
O（字母）	在光标上面插入一行
~	改变字母大小写

3．剪贴板（见表1-3）

表1-3　剪贴板常用的命令

命令	说明
y＋y	将当前行的内容复制到剪贴板
n＋y＋y	将当前开始的 n 行内容复制到剪贴板（n 表示数字键）
y＋w	将光标所在位置的一个单词复制到剪贴板
n＋y＋w	将光标开始向右的总共 n 个单词复制到剪贴板（n 表示数字键）
p	将剪贴板的内容粘贴到光标所在的位置

4．替换和删除文字（见表1-4）

表1-4　替换和删除文字常用的命令

命令	说明
r＋c	r 表示取代（Replace），用字符 c 替换光标所指向的当前字符
n＋r＋c	用字符 c 替换光标所指向的前 n 个字符（n 表示数字键）
d＋←	可将光标所在位置的前一个字符删除
d＋→	可将光标所在位置的字符删除
d＋↑	可将光标所在位置的行与上一行同时删除
d＋↓	可将光标所在位置的行与下一行同时删除
n＋d＋↑	可将光标所在位置的行开始往上共 n 行删除（n 表示数字键）
n＋d＋↓	可将光标所在位置的行开始往下共 n 行删除（n 表示数字键）
x	删除光标处的字符
n＋x	删除从光标所在位置开始向右的 n 个字符（n 表示数字键）
n＋X	删除从光标所在位置前的 n 个字符（n 表示数字键）
d	删除到当前行行末
d＋w	若光标停在某单词的第一个字符上，则删除整个单词 若光标停在某单词的中间一个字符上，则从光标所在位置删至词尾并连同后面的空格 若光标停在两个单词之间，则删除从光标所在位置开始至下一个单词之前的所有空格
n＋d＋w	删除 n 个指定的单词（n 表示数字键）
d＋b	删除光标所在位置之前的一个单词
n＋d＋b	删除光标所在位置之前的 n 个单词（n 表示数字键）
d＋d	删除光标所在的整行
n＋d＋d	删除光标所在行开始的共 n 行内容（n 表示数字键）

5. 其他命令（见表1-5）

表1-5 其他常用的命令

命令	说明
Ctrl＋g	在窗口的最后一行显示文本内容的总行数及目前光标所在的行数
R	同 r 键不同，按下 R 键后，一直处于替换字符状态，直到按 Esc 键为止
u	表示复原（Undo）的功能
.	重复执行上一个命令
Z＋Z	存盘退出
Z＋Q	作废退出
％	在光标位置移到其中一个括号时，按％键可找到对应的另一个括号

3.4 命令模式下的操作

要使用命令模式（Last Line Mode），请先按 Esc 键以确定回到 Command Mode，然后再按":"、"?"或"/"等键都可进入 Last Line Mode。

命令模式常用的命令参见表 1-6。

表1-6 命令模式下常用的命令

命令	说明
:e 文件名	按文件名创建一个新文件
:n 文件名	在 Vi 中加载另一个文件
:f 文件名	把当前文件的文件名改为新文件名
:w	将文件保存。若原先没有指定文件名，则要输入":w filename"
:q	退出 Vi。若文件内容已经被更改，则不作保存
:q!	强制退出 Vi，并且不保存文件
:wq	将当前文件内容存盘，并且退出 Vi
:set nu	在文件中的每行行首进入行号
:set nonu	取消行号
:n	光标移至该行的行首（n 表示数字键）
/pattern	从光标开始向文件末尾搜索字符串 pattern。输入 n 在同一方向重复上一次搜索命令。输入 N 在反方向重复上一次搜索命令
?pattern	从光标开始向文件首部搜索字符串 pattern。输入 n，在同一方向重复上一次搜索命令。输入 N，则在反方向重复上一次搜索命令
:s/str1/str2/g	将当前行中所有字符串 str1 均用 str2 替代
:g/str1/s//str2/g	将文件中所有字符串 str1 均用 str2 替代
:g/str1/s//str2/gc	在将文件中每一字符串 str1 用 str2 替代前，由用户输入"y"或"n"来决定是否要替换掉

第4章 C语言编译器GCC的使用

在为 Linux 开发应用程序时，绝大多数情况下使用的是 C 语言，而且 Linux 本身就如同所有的 UNIX 一样是用 C 语言编写的。本书实验中的编程除了 Shell 程序设计，也都是使用 C 或 C++ 来实现的。灵活运用 C 编译器几乎是每一位 Linux 程序员必备的技能。目前 Linux 下最常用的 C 语言编译器是 GCC（GNU Compiler Collection），它是 GNU 项目中符合 ANSI C 标准的编译系统，是一功能强大、性能优越的多平台编译器，能够编译用 C、C++ 和 Object C 等语言编写的程序。GCC 的标志如图 1-65 所示。

图1-65 GCC的标志

通过 GCC，由 C 源代码文件生成可执行文件的过程要经历 4 个阶段，分别是预处理、编译、汇编和链接。不同的阶段分别调用不同的工具进行处理，如图 1-66 所示。

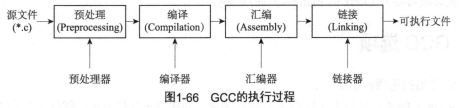

图1-66 GCC的执行过程

（1）预处理：GCC 调用预处理器 cpp 将预处理指令如 #include、#define 等所包含的文件内容插入程序代码中。

（2）编译：GCC 调用编译器将预处理后的文件进行编译，生成一个汇编语言的文件。

（3）汇编：GCC 调用汇编器 as 处理汇编文件，并生成一个以 .o 为后缀的目标文件。

（4）链接：GCC 调用链接器 ld 将程序中所用到的函数库连同目标文件来产生一个可执行文件。

Red Hat Linux 9 中已安装版本 3.2.2 的 GCC，安装的目录结构如下。

- /usr/lib/gcc-lib/i386-redhat-linux/3.2.2/：GCC 编译器所在目录。
- /usr/bin/gcc：命令行执行编译的二进制程序所在位置。
- /usr/include/：库和 C 语言加载的头文件所在目录。
- /lib/：系统的库函数所在目录。
- /usr/lib/：程序和子系统的函数库所在目录。

4.1 使用GCC

GCC 基本用法是在 Linux 命令行下使用如下格式的命令：
gcc [选项] 源文件 [目标文件]

其中"选项"参数，用来指定对其后给出的文件所执行的操作方式。当不用任何选项编译一个程序时，如编译成功，GCC 将会建立一个名为 a.out 的可执行文件。例如，用任一文本编辑器（如 Vi、xemacs、gedit 等）创建名为 test.c 的文件，并在文件中输入以下内容。

```
#include <stdio.h>
main(void)
{
 printf("Hi!C!\n");
}
```

接着执行如下命令，将在当前目录下产生一个名为 a.out 的文件：

```
[root@BitLinux root]# gcc test.c
```

要执行 a.out 文件，请执行如下命令，并观察执行的结果：

```
[root@BitLinux root]# ./a.out         ←执行 a.out。请注意程序前面加上了"./"，
                                        表示此文件位于当前目录下
Hi!C!                                 ←程序输出的信息，即执行的结果
```

由于 GCC 的选项繁多，无法一一介绍，以下仅列出几个常用的选项，并将其分类说明，至于其他选项可参考 Linux 的 man page 在线说明。

4.2 GCC 选项

GCC 常用的选项说明如下。

① -o file：编译产生的文件以指定文件名保存。如果 file 没有指定，默认文件名为 a.out。
② -I：GCC 的头文件搜索路径中添加新的目录。
③ -L：GCC 的库文件搜索路径中添加新的目录。
④ -c：GCC 仅把源代码编译为目标代码，而不进行函数库链接。完成后输出一个与源文件名相同的，但扩展名为 .o 的目标文件。
⑤ -O、-O1：GCC 对源代码进行基本优化，编译产生尽可能短的、执行尽可能快的代码，但是在编译的过程中，会花费更多的时间和内存空间。
⑥ -O2：较 -O 选项执行更进一步的优化，但编译过程开销更大。
⑦ -g：在编译产生的可执行文件中附加上供 gdb 使用的调试信息。
⑧ -pedantic：GCC 依据 ANSI C 标准显示所有警告。
⑨ -pedantic-errors：GCC 依据 ANSI C 标准显示所有错误。
⑩ -w：禁止所有的警告，不建议使用此选项。
⑪-Wall：使 GCC 产生尽可能多的警告信息，对找出常见的隐式编程错误有帮助。
⑫-Werror：在产生警告时取消编译操作，即把警告当作错误对待。

⑬-v：显示编译器路径、版本及执行编译的过程。

例如，将 test.c 指定编译产生的可执行文件为 foo，其命令为：

```
[root@BitLinux root]# gcc test.c -o foo
```

也可将 –o 选项紧跟在 gcc 命令之后，如下：

```
[root@BitLinux root]# gcc -o foo test.c
```

假设现在 test.c 包含的头文件放置在 /root/include/ 目录下，则通过 -I 选项能让 GCC 找到指定位置的头文件：

```
[root@BitLinux root]# gcc test.c -I/root/include -o foo
```

同样，如果 test.c 需要的库文件 libfoo.so 放置在 /root/lib/ 目录下，则通过 -L 选项能让 GCC 找到指定位置的库文件：

```
[root@BitLinux root]# gcc test.c -L/root/lib -lfoo -o foo
```

说明：-lfoo 参数指代库文件目录下 libfoo 的库文件。由于库文件命名都必须以 lib 开头，因此，用 -l 选项指定库文件时，foo 代表名为 libfoo 的库文件。

实验内容

实验 1

Linux的图形界面

 实验目的

（1）熟悉 Linux 提供的图形界面。
（2）掌握图形方式下资源管理器的使用和虚拟文本窗口的使用。
（3）以 Windows 的窗口操作经验使用 Linux 的窗口，增强触类旁通的能力。
（4）掌握 Linux 下界面切换的方法，能够灵活地进行键盘命令界面和图形界面的切换。
（5）掌握 Linux 的系统监控工具，实现对 Linux 系统环境的监控。

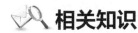 **相关知识**

1．Linux的用户界面

Linux 的用户界面包括操作命令界面和系统调用界面。其中操作命令界面又可分为键盘命令界面和图形界面。在键盘命令界面或图形界面的终端窗口下通过 shell 脚本可以批量完成一系列操作命令，实现 Linux 的批处理。

2．Linux的图形界面

Linux 是一个基于命令行的操作系统，图形界面并不是 Linux 的一部分，Linux 的图形界面是 Linux 下的应用程序实现的，这是 Linux 和 Windows 的重要区别之一。Linux 内核为 Linux 系统中的图形界面提供了显式设备驱动。

GNOME 和 KDE 是目前 Linux 系统最流行的两个图形操作环境，它们都以 X Window 系统为基础，通过 X Window 才能运行。

3．X Window系统

X Window 系统（X Window System，也常称为 X11 或 X）是一种以位图方式显示的软件窗口系统，早期通过窗口管理器与系统交互，但随着计算机的发展，由窗口管理器提供的基本 GUI（图形用户界面）不能帮助用户完成与现代计算机应用相关的复杂认知任务，需要在此基础上构建桌面环境提供给用户使用。现在，X Window 系统通过软件工具及架构协议建立 Linux 的图形界面。

4. Linux下图形界面和键盘命令界面的切换

Linux 默认有 7 个虚拟终端，其中第 1～6 个虚拟终端是键盘命令界面，第 7 个虚拟终端是图形界面。每个虚拟终端相互独立，用户可以使用不同的账号登录虚拟终端，并同时使用计算机。虚拟终端之间可以相互切换。

常用的界面切换方法有：

① 图形界面下在终端窗口中输入"init 3"命令切换到键盘命令界面；在键盘命令界面下输入"init 5"命令切换到图形界面。

② 使用快捷组合键 Ctrl+Alt+F1～Ctrl+Alt+F6（均可），可以从图形界面切换到键盘命令界面。

③ 进入 Linux 后，如果默认界面为键盘命令界面，可以使用"startx"命令进入图形界面。

5. Linux的任务管理器

"top"命令是 Linux 下常用的性能分析工具，能够实时显示系统中各个进程的资源占用状况，类似于 Windows 的任务管理器。

统计信息区域的前 5 行是系统整体的统计信息区。第一行显示的是任务队列信息；第二、三行显示进程和 CPU 的信息；最后两行显示内存信息。统计信息区域的下方为进程信息区，显示了各个进程的详细信息。

 典型例题

1. Linux开机默认进入界面的设置

Linux 将 X Window（简称 X）仅仅视作一个程序，而不捆绑于其内核之中。在 Linux 中一般将运行级别分为 7 级，如下所示。

① 0：系统停机。
② 1：单用户模式。
③ 2：多用户模式。
④ 3：网络多用户模式。
⑤ 4：保留。
⑥ 5：X11 模式（即进入图形界面模式）。
⑦ 6：重启。

用户进入 Linux 后可以通过 /etc/inittab 文件修改其中"id:5:initdefault:"语句对 Linux 的开机默认界面进行设置，id:3 对应键盘命令界面，id:5 对应图形界面。/etc/inittab 文件内容如下所示：

```
#
# inittab       This file describes how the INIT process should set up
#               the system in a certain run-level.
```

```
#
# Author:       Miquel van Smoorenburg, <miquels@drinkel.nl.mugnet.org>
#               Modified for RHS Linux by Marc Ewing and Donnie Barnes
#
# Default runlevel. The runlevels used by RHS are:
#   0 - halt (Do NOT set initdefault to this)
#   1 - Single user mode
#   2 - Multiuser, without NFS (The same as 3, if you do not have networking)
#   3 - Full multiuser mode
#   4 - unused
#   5 - X11
#   6 - reboot (Do NOT set initdefault to this)
#
id:5:initdefault:

# System initialization.
si::sysinit:/etc/rc.d/rc.sysinit
……
```

2. 查看系统信息

Linux 提供了 "uname" 命令用来获取计算机和操作系统的相关信息。-a 参数表示详细输出所有信息，依次为内核名称、主机名称、内核版本号、内核版本、硬件名、处理器类型、硬件平台类型、操作系统名称。

例如：用户在终端输入 "uname–a" 命令，可以看到如下信息：

```
[root@BC root]# uname -a
Linux BC 2.4.20-8 #1 Thu Mar 13 17:54:28 EST 2003 i686 i686 i386 GNU/Linux
```

根据上述显示内容，得到该计算机和操作系统的相关信息如下。
①内核名称：Linux。
②主机名称：BC。
③内核版本号：2.4.20-8。
④内核版本：#1 Thu Mar 13 17:54:28 EST 2003。
⑤硬件名：i686。
⑥处理器类型：i686。
⑦硬件平台类型：i386。
⑧操作系统名称：GNU/Linux。

3. 计算Linux的CPU使用率

打开 /proc/stat 文件，可以查看 Linux 的 CPU 使用情况。在终端输入 "cat /proc/stat" 命令，可以看到如下信息：

```
[root@BC root]# cat /proc/stat
cpu  459 0 5670 235330
cpu0 459 0 5670 235330
page 106328 42776
swap 1 0
intr 277127 241459 171 0 3 3 0 4 0 1 0 20 11809 5590 0 0 18067
disk_io: (8,0):(12171,8950,211512,3221,85534)
ctxt 533968
btime 1448322961
processes 2459
```

其中第一行显示操作系统总体 CPU 使用情况，其 4 个参数分别表示 user（CPU 处于用户模式时间）、nice（CPU 处于低优先级的用户模式时间）、system（CPU 处于内核模式时间）和 idle（空闲的 CPU 时间），因此，CPU 的使用率可以根据如下公式计算：

CPU 使用率 =(user+nice+system)/(user+nice+system+idle)×100%

4．计算Linux的内存使用率

打开 /proc/meminfo 文件，可以查看 Linux 的内存使用情况。在终端输入"cat /proc/meminfo"命令，可以看到如下信息：

```
[root@BC root]# cat /proc/meminfo
        total:       used:        free:       shared: buffers:  cached:
Mem:  513724416 214851584 298872832         0 16080896 99803136
Swap: 534634496         0 534634496
MemTotal:       501684 kB
MemFree:        291868 kB
MemShared:           0 kB
Buffers:         15704 kB
Cached:          97464 kB
SwapCached:          0 kB
Active:         175112 kB
ActiveAnon:      70292 kB
ActiveCache:    104820 kB
Inact_dirty:       748 kB
Inact_laundry:       0 kB
Inact_clean:      7600 kB
Inact_target:    36692 kB
HighTotal:           0 kB
HighFree:            0 kB
LowTotal:       501684 kB
LowFree:        291868 kB
SwapTotal:      522104 kB
SwapFree:       522104 kB
```

其中，MemTotal 表示系统总内存大小，MemFree 表示剩余内存空间大小，因此，内存的使用率可以根据如下公式计算：

内存使用率 =(MemTotal–MemFree)/MemTotal×100%

实验内容

1. Linux的操作界面

（1）启动 Linux 操作系统（或 Linux 操作系统虚拟机），进入 Linux。

（2）观察所进入的 Linux 界面，判断是键盘命令界面还是图形界面？如果是图形界面，判断属于哪一种图形界面，GNOME 还是 KDE？

（3）右键单击桌面，选择"新建终端"命令，在终端窗口中输入命令"init 3"，切换到 Linux 的键盘命令界面。

（4）在键盘命令界面下，输入命令"init 5"，重新切换回图形界面。

（5）在图形界面下，进入 Linux 的资源管理器，以树形结构查看系统目录，观察根目录（/）下有哪些子目录。

（6）以"gedit"方式打开"/etc/inittab"文件，找到文件中的"id:5:initdefault:"将其修改为"id:3:initdefault:"，保存文件，将 Linux 启动后进入的默认界面设置为键盘命令界面。

（7）重新启动 Linux，看看现在进入系统后的初始界面属于哪一种。

（8）尝试以其他方式进行 Linux 键盘命令界面和图形界面之间的切换。

2. Linux的系统监控

（1）进入 Linux 资源管理器，打开 /proc 目录，查看在该子目录下是否存在文件。

（2）在终端窗口中，输入命令"ls /proc"，查看该子目录下的文件。

（3）查看并计算 CPU 使用率。

①在终端窗口中，输入命令"cat /proc/stat"，查看 CPU 的使用情况。

②根据公式计算 CPU 使用率。

（4）查看并计算内存使用率。

①在终端窗口中，输入命令"cat /proc/meminfo"，查看内存的使用情况。

②根据公式计算内存使用率。

（5）查看系统信息。使用"uname -a"命令查看相关系统信息，看看当前使用的计算机和操作系统的内核名称、主机名称、内核版本号、内核版本、硬件名、处理器类型、硬件平台类型、操作系统名称。

（6）查看进程。

①使用"ps -l"命令查看当前运行进程详细信息。

②使用"ps -a"命令显示所有进程信息。

③使用"pstree"命令以树形结构显示进程间的依赖关系。

（7）其他系统监控工具。

①使用"free"命令显示系统中内存的使用情况，包括总内存（total）、已使用的物理内存（used）、空闲内存（free）、被几个进程共享的内存（shared）、用作 buffer 的内存（buffers）、用作 cache 的内存（cached）、硬盘上交换区的情况（Swap）。

②使用"top"命令实时监控系统，查看系统运行情况（第1行）、任务统计数据（第2行 Tasks）、CPU 状态信息（第3行 CPU(s)）、内存状态信息（第4行 Mem）、Swap 交换区状态信息（第5行 Swap）及各进程的状态监控数据（第7行及以下）。

③使用"ifconfig"命令查看当前计算机的 IP 地址。

④使用"fdisk –l"命令查看当前计算机的磁盘及分区情况。

⑤使用"df -aT"命令查看当前所有文件系统的类型及磁盘空间使用情况。

3．Linux的目录和文件

（1）进入 Linux 的根目录，查看根目录下有哪些子目录，列举根目录下常用子目录及其主要用途。

（2）进入 /home 目录，在 /home 目录下创建子目录，目录名为 guest。

（3）在 /home/guest 目录下，进行文件或目录的创建、复制、移动、重命名、删除操作。

（4）进入 /usr/src/linux-2.4.20-8/ include/linux 目录，看看该目录下有哪些 .h 头文件。找到 unistd.h、signal.h、msg.h、sem.h 等头文件，以 gedit 的方式打开。这些头文件是本课程后续实验所用到的数据结构集中存放的地方。

4．Linux的U盘操作

（1）在 Linux 下安装 U 盘，单击桌面上的 U 盘标记，观察窗口上显示的文件名，核对是否是 U 盘上的文件。

（2）选择一些文件，将它们复制到 U 盘中。

（3）卸载 U 盘。

（4）在 Windows 系统下打开 U 盘，看看 U 盘上的文件复制是否成功。

5．Linux的控制面板

参考 Windows 的控制面板进行如下设置。

（1）设置文字为中文简体。

（2）修改系统的日期和时间。

（3）修改进入系统的超级管理员密码。

（4）重新设置桌面背景。

实验思考

1．Linux 图形界面下的终端窗口与键盘命令界面两者有何区别？

2．Linux 下可否同时打开多个终端？在它们之间如何进行切换？

3．Linux 的文件系统与 Windows 的文件系统有何区别？Linux 的文件路径有无盘符？

4．Linux 的任务管理器与 Windows 的任务管理器有何区别？

实验 2

Linux的键盘命令

 实验目的

（1）了解 Linux 所提供的用户界面中的键盘命令操作界面。
（2）熟练掌握常用的键盘命令。
（3）进一步掌握图形方式下虚拟文本窗口的使用。

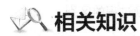 **相关知识**

1. 与本实验相关的键盘命令

（1）与用户管理相关的键盘命令：useradd、passwd、userdel、su、who 等。
（2）与目录管理相关的键盘命令：cd、mkdir、rmdir、ls、pwd 等。
（3）与文件管理相关的键盘命令：find、cat、more、less、cp、mv、rm、ls、chmod、gzip、tar、ln 等。
（4）与 U 盘的安装和卸载相关的键盘命令：fdisk、mount、umount 等。
（5）与系统管理相关的键盘命令：reboot、halt、shutdown 等。
（6）其他命令：echo、man、clear、date、cal 等。

2. 文件权限的设定

（1）权限数字的约定（见表 2-1）

表2-1 权限数字的约定

值	权限
0(000)	无权限
1(001)	可执行
2(010)	可写
4(100)	可读

（2）将权限数字求和表示多种权限。
（3）使用文件的用户有：文件拥有者、同组用户、不同组用户。

典型例题

文件的权限设置，命令如下：

```
chmod 750 test
```

结果分析：该键盘命令设置 test 文件主用户对 test 文件权限为可读、可写、可执行（4+2+1=7）；同组用户对 test 文件权限为可读、可执行（4+1=5）；不同组用户对 test 文件无权限。

实验内容

1. 用户管理

（1）使用账号 root 登录 Linux 系统（登录密码请咨询机房管理员）。
（2）查看 /home 目录下的内容。
（3）添加一个名为 guest 的新用户。
（4）为该用户设置密码：123456。
（5）重新查看 /home 目录下的内容，看看有什么变化。
（6）使用 su 命令在 root 和 guest 账号之间进行用户切换，注意切换过程的区别。
（7）观察 root 和 guest 账号下命令提示符的区别。
（8）再次添加两个新用户，分别命名为 test1 和 test2，观察 /home 目录的变化。
（9）分别使用"userdel"和"userdel -r"命令删除用户 test1 和 test2，重新观察 /home 目录的变化。
（10）使用"who"和"who -HiT"命令查看当前在线用户的情况。

2. 文件夹管理

（1）进入 /home/guest 目录。
（2）在 /home/guest 下创建子目录 sub1、sub2 和 sub3，在 sub1 下创建子目录 sub4 和 sub5。
（3）重新回到 /home/guest，使用"ls"和"ls -l"命令查看 /home/guest 的目录清单。
（4）观察执行"ls"命令后目录属性的颜色。
（5）显示当前目录所处的路径。
（6）在 home/guest 目录下，使用绝对路径进入 sub4 目录，并用"pwd"命令确认。
（7）在 sub4 目录下，使用相对路径进入 sub2 目录，并用"pwd"命令确认。
（8）在 sub2 目录下，分别删除 sub1、sub2 及 guest 目录，看看是否允许删除。
（9）在 sub2 目录下，删除 sub3 目录，看看是否允许删除。
（10）请思考删除目录操作必须满足什么条件。

3. 文件管理

（1）文件的查找、查看、复制、移动、重命名、删除、链接。
①进入 /usr 目录，查找文件 sys.c。

②将找到的 sys.c 文件分别复制到 sub1 和 sub2 目录下。
③进入 sub1 目录，分别用"cat""more""less"命令查看文件 sys.c 的内容。
④将 sub1 目录中的 sys.c 文件重命名为 mysys.c。
⑤将 mysys.c 文件移动到 sub4 目录下。
⑥删除 sub4 目录下的 mysys.c 文件。
⑦在 sub1 下为 sub2 中的 sys.c 文件创建一个链接，将链接文件命名为 my.c。
⑧使用"ls -i"命令分别查看 sys.c 和 my.c 文件的 i 节点号，看看是否相同。
⑨使用"more"或"less"命令分别查看 sys.c 和 my.c 文件的内容，看看是否相同。
(2) 文件的创建、权限修改、合并。
①在命令提示符下直接输入"echo"111111""，看看命令的运行结果。
②在 sub5 目录下使用"cat"命令新建一个文件 file1，文件内容为"echo"111111""。
③执行 file1 文件，看看文件是否允许执行。
④使用"ls -l"命令查看 file1 的文件属性。
⑤修改 file1 的文件属性，将文件改为可执行文件。
⑥再次使用"ls -l"命令查看 file1 的文件属性，注意文件颜色的变化。
⑦再次执行 file1 文件，看看文件是否允许执行，执行的结果是什么。
⑧新建一个文件 file2，文件内容为"echo"222222""。
⑨将文件 file2 追加到 file1 上，重新执行 file1，看看文件追加的结果。
⑩将文件 file1、file2 合并为 file3，修改 file3 的权限，看看文件合并的结果。
(3) 文件的压缩（解压缩）、打包（解包）。
①使用"ls -l"命令查看 sub2 目录下的 sys.c 文件属性。
②将 sys.c 文件按高比例进行压缩。
③再次使用"ls -l"命令查看 sys.c 文件属性，注意压缩前后的文件名称和大小的变化。
④观察"ls"命令下压缩文件的颜色。
⑤将压缩后的文件解压缩。
⑥使用"ls -l"命令查看解压缩文件属性，并与原文件进行比较。
⑦清空 sub2 目录。
⑧复制 /usr/src/linux-2.4.20-8/kernel/*.c 文件到 sub2 目录下。
⑨将 sub2 目录下的所有文件打包，并压缩生成 my.tar 文件。
⑩查看该文件，注意其文件名的颜色变化。
⑪ 将 sub2 中的 my.tar 文件解包到 sub4 目录下。

4．U 盘的安装和卸载

(1) 插入 U 盘，使用"fdisk -l"命令检索 USB 设备信息。
(2) 查看 /mnt 目录，看看是否存在 usb 子目录，如果没有则新建目录。
(3) 使用"mount"命令装载 U 盘。
(4) 查看 /mnt/usb 目录，看看 U 盘装载是否成功。
(5) 使用"umount"命令卸载 U 盘。

5．其他

（1）使用"man"命令查看 cal 命令的帮助手册，了解 cal 命令的具体使用方法。再接着试试执行"cal-help"命令查看 cal 命令的帮助信息。

（2）使用"date"命令显示系统当前日期和时间。

（3）使用"cal"命令显示 2020 年年历及 9 月的月历。

（4）使用"man"命令查看 fork 函数的函数定义、返回值的说明及函数所在的头文件。

（5）使用"clear"命令清屏。

6．系统的重启和关闭

（1）使用"reboot"命令重启 Linux。

（2）使用"halt"或"shutdow"命令退出 Linux"并关机。

实验思考

1. 在本次实验中，一共出现了几种颜色的目录或文件？分别代表什么含义？你知道 Linux 键盘命令下还有哪些颜色的目录或文件？

2. Linux 键盘命令界面下可否直接在 /home 目录下新建目录或删除目录？如果不可以，应该如何实现？

3. 什么是绝对路径？什么是相对路径？使用时两者有何区别？

4. 如何修改文件权限？如果现在需要将一个名为 1.sh 的文件按（主用户：可读、可写、可执行；同组用户：可读、可执行；不同组用户：可执行）权限进行设置，应该如何设置？

5. Linux 图形界面下 U 盘的安装 / 卸载与键盘命令界面下 U 盘的安装 / 卸载有何区别？

实验 3

Linux的批处理

 实验目的

（1）了解 Linux 提供的作业批处理操作界面。
（2）熟悉 Linux 提供的文本编辑器 Vi 的使用。
（3）掌握 Linux 的 shell 脚本的编辑和执行，熟悉批处理语言的编程方法。
（4）初步了解 Linux 提供的 C 编译器 gcc 的使用。

 相关知识

1. Linux文本编辑器Vi的使用

（1）打开文本编辑器，创建一个新的文件：Vi 文件名。
（2）切换到插入模式：按下 Insert 键或输入 i。
（3）编辑文本。
（4）保存并退出：按下 Esc 键后，输入":wq"。

2. shell脚本的执行

（1）修改文件权限为可执行文件：chmod 7xx 文件名。
（2）执行可执行文件：./ 文件名。

3. C源程序的编译与执行

（1）编译并生成可执行文件：gcc -o 可执行文件名 (*.exe) 源程序文件名 (*.c)。
（2）执行可执行文件：./ 可执行文件名。

4. shell脚本中的分支结构

```
if [ 判断条件 1 ]
then
        语句块 1
else if [ 判断条件 1 ]
     then
            语句块 2
```

```
        else
                语句块 3
        fi
fi
```

注意：if 的判断条件与 [] 之间必须用空格隔开，判断条件内各部分之间也必须用空格隔开。

5. shell 脚本中的循环结构

（1）while 循环

```
while [ 循环条件 ]
do
    语句块
done
```

注意：while 的循环条件与 [] 之间必须用空格隔开，循环条件内各部分之间也必须用空格隔开。

（2）for 循环

```
for 变量 in 值集合
do
    语句块
done
```

6. shell 脚本中的（( )）双括号运算符的运用

（1）语法

（(表达式 1, 表达式 2……)）

（2）特点

①在（( )）中，所有表达式可以像 C 语言一样，如：a++，b-- 等。
②在（( )）中，所有变量可以不加入"$"符号前缀。
③双括号可以进行逻辑运算，四则运算。
④双括号结构扩展了 for、while、if 条件测试运算。
⑤支持多个表达式运算，各个表达式之间用","分开。

7. shell 脚本中的算术运算

（1）使用 \`expr 表达式。
（2）使用 $(())。
（3）使用 $[]。
（4）使用 let 命令。

8. shell 脚本中的条件运算

（1）等于：num1 –eq num2。
（2）不等于：num1 –ne num2。

（3）小于：num1 –lt num2。
（4）小于等于：num1 –le num2。
（5）大于：num1 –gt num2。
（6）大于等于：num1 –ge num2。

典型例题

1. 例题一

设计一个脚本文件 calendar，实现键盘输入年、月的值，屏幕上显示该月的月历。该脚本文件的设计过程如下。

（1）打开文本编辑器：Vi calendar。
（2）切换到插入模式：按下 Insert 键。
（3）输入脚本，内容如下：

```
echo "Please input the month:"
read month
echo "Please input the year:"
read year
cal $month  $year
```

（4）退出插入模式：按下 Esc 键。
（5）保存文件并退出：输入 (:wq)。
（6）修改脚本文件权限：chmod 700 calendar。
（7）执行脚本文件：./calendar。
（8）屏幕显示结果。

```
Please input the month:
9
Please input the year:
2015
    九月   2015
 日 一 二 三 四 五 六
        1  2  3  4  5
  6  7  8  9 10 11 12
 13 14 15 16 17 18 19
 20 21 22 23 24 25 26
 27 28 29 30
```

2. 例题二

设计一个 shell 脚本 sum，键盘输入两个整数，用不同的方法计算两数之和，输出结果。sum 的内容如下：

```
read x
read y
echo `expr $x + $y`
echo $(((x+y))
echo $[x+y]
let n=x+y
echo $n
```

3. 例题三

设计一个脚本文件 sex，根据键盘输入的 M 还是 F，输出男、女。sex 文件的内容如下：

```
read s
if [$s = "M"]
then
        echo "男"
else if [ $s = "F" ]
        then
                echo "女"
        else
                echo "错误"
        fi
fi
```

屏幕显示结果：

M	F	X
男	女	错误

4. 例题四

设计一个脚本文件 total，实现 1+2+…+100 的计算。total 文件的内容如下。

（1）方法一（while 结构实现）

```
x=1
sum=0
while [ $x -le 100 ]
do
        sum=`expr $sum + $x`
        x=`expr $x + 1`
done
echo $sum
```

（2）方法二（for 结构实现）

```
x=1
sum=0
for x in $(seq 100)
do
```

```
                sum=`expr $sum + $x`
                x=`expr $x + 1`
done
echo $sum
```

（3）方法三（使用（（））的 while 结构实现）

```
x=1
sum=0
while((x<=100))
do
        sum=$((sum+x))
        x=$((x+1))
done
echo $sum
```

（4）方法四（使用（（））的 for 结构实现）

```
sum=0
for((x=1;x<=100;x++))
do
            sum=$((sum+x))
done
echo $sum
```

实验内容

1. 分别利用键盘命令、shell 脚本及 C 语言实现在屏幕上输出如下菜单，体会三种方法的不同。

```
*************************
*  1：Query balance      *
*  2：Draw money         *
*  3：Save money         *
*  4：Change password    *
*  0：Exit               *
*************************
```

2. 设计一个 shell 脚本实现如下功能：
（1）屏幕提示用户键盘输入两个整数。
（2）计算两数的和、差、积。
（3）输出计算结果。

3. 设计一个 shell 脚本实现分段函数的输出：

$$y = \begin{cases} 1, & x > 0 \\ 0, & x = 0 \\ -1, & x < 0 \end{cases}$$

4．设计一个 shell 脚本将输入的百分制成绩转换为五级等级制成绩并输出，即 90 分以上（含 90 分）的为"优"，80 分以上的为"良"，70 分以上的为"中"，60 分以上的为"及格"，0~59 分的为"不及格"。

5．设计一个 shell 脚本，要求输入一个整数，然后打印出从输入值到比输入值大 10 的所有整数值。

6．设计一个 shell 脚本实现如下功能：
（1）屏幕上显示功能菜单。

```
**************************************
*    1：Display calendar(year)         *
*    2：Display calendar(year,month)   *
*    0：Exit                           *
**************************************
```

（2）接收用户的选择。
（3）根据用户的选择，接收用户输入的年份或月份，并显示对应的年历或月历。
（4）仅当用户选择 0 才能结束程序的运行返回，否则继续显示功能菜单接收用户新的选择，将屏幕控制起来。

实验思考

1．shell 脚本是 Linux 提供的哪一种用户界面？shell 脚本的内容由什么组成？其中的脚本语句起什么作用？由谁解释执行？

2．为什么将批处理文件称为"脚本"而不称为"源程序"？能将 C 语言的语句用在 shell 脚本中吗？它的执行需要经过编译链接吗？为什么？

3．如何将 shell 脚本变为可执行文件？如果对 shell 脚本进行修改，修改后可否直接执行？需要重新设置文件权限吗？

4．shell 脚本中的分支、循环结构与 C 语言源程序中的分支、循环结构在使用上有何区别？

实验 4

Linux进程创建

 实验目的

（1）熟悉在 C 语言源程序中使用 Linux 所提供的系统调用的方法。
（2）使用系统调用 fork() 创建一个新的子进程。
（3）掌握 Linux 中子进程的创建过程及调度执行情况，理解进程与程序的区别。
（4）了解 Linux 提供的 C 编译器 gcc 的使用。
（5）进一步掌握 Vi 的使用。

 相关知识

1. 与本次实验相关的系统调用

int fork();
- 功能：父进程创建一个子进程。
- 返回值：

-1——创建失败。
0——创建成功，子进程返回。
>0——创建成功，父进程返回，返回值为新创建的子进程的 PID 号。

- 参数说明：无参数。
- 常见用法：p=fork();

备注：以上系统调用所用头文件为 #include<unistd.h>。

2. 实现父进程创建子进程后，父、子进程需要执行不同程序段的程序基本结构

```
#include<unistd.h>
main()
{
    int p;
    while((p=fork())==-1);
    if(p==0)
    {
            // 此为子进程程序段
    }
    else
    {
            // 此为父进程程序段
    }
}
```

典型例题

1. 例题一

```
#include<unistd.h>
main()
{
    putchar('A');
    fork();
    putchar('B');
}
```

程序运行结果：ABAB，其中父进程输出 AB，子进程输出 AB。

结果分析：父进程通过 fork 创建子进程后，子进程的进程映像复制了父进程的数据与堆栈空间，并继承父进程的用户代码、组代码、环境变量、已打开的文件数组、工作目录及资源限制等，这些继承是通过复制得来的，所以子进程映像与父进程映像是存储在两个不同的地址空间中内容相同的程序副本，这就意味着父进程和子进程在各自的存储空间上运行着内容相同的程序。因此，一个程序中如果使用了 fork 系统调用，那么当程序运行后，该程序就会在两个进程实体中出现，就会因两个进程的调度而被执行两次。

2. 例题二

```
#include<unistd.h>
main()
{
```

```
        int p;
        while((p=fork())==-1);
        if(p==0)
        {
                putchar('B');           // 此为子进程程序段，可替换为其他代码
        }
        else
        {
                putchar('A');           // 此为父进程程序段，可替换为其他代码
        }
}
```

程序运行结果：AB 或 BA，其中父进程输出 A，子进程输出 B。

结果分析：父进程通过 fork 创建子进程后，由于从父进程和子进程返回的值不同，因而用户能够以返回值为依据在程序中使用 if/else 选择结构将父子进程需要执行的不同程序分开。

实验内容

1. 程序对比

阅读以下程序组合，观察程序运行结果，对结果进行比较，并分析说明为什么会产生这些不同。

（1）组合一

```
#include<unistd.h>
main()
{
    putchar('A');
    fork();
}
```

```
#include<stdio.h>
main()
{
    putchar('A');
    setbuf(stdout,NULL);
    fork();
}
```

（2）组合二

```
#include<unistd.h>
main()
{
    int i;
    for(i=1;i<=1023;i++)
        putchar('A');
    putchar('B');
    fork();
}
```

```
#include<unistd.h>
main()
{
    int i;
    for(i=1;i<=1024;i++)
        putchar('A');
    putchar('B');
    fork();
}
```

（3）组合三

```
#include<unistd.h>
main()
{
    int i,p;
    for(i=1;i<=100;i++);
```

```
#include<unistd.h>
main()
{
    int i,p;
    for(i=1;i<=100;i++);
```

```
        while((p=fork())==-1);              while((p=fork())==-1);
        if(p==0)                            if(p==0)
                printf("%d\n",i);           {
        else                                        i=i-1;
                printf("%d\n",i);                   printf("%d\n",i);
}                                           }
                                            else
                                            {
                                                    i=i+1;
                                                    printf("%d\n",i);
                                            }
                                            }
```

（4）组合四

```
#include<unistd.h>              #include<unistd.h>
main()                          main()
{                               {
        fork();                         int p;
        fork();                         while((p=fork())==-1);
        putchar('A');                   if(p==0)
}                                               fork();
                                        putchar('A');
                                }
```

2. 分析程序，回答问题

（1）以下程序运行后 OS 创建了几个进程？进程间的关系如何？每个进程的输出内容是什么？最后屏幕显示结果为何（理论上）？测试程序，直到出现不同结果为止。

```
#include<unistd.h>
main()
{
        int p;
        while((p=fork())==-1);
        if(p==0)
        {
                putchar('B');
        }
        else
        {
                putchar('A');
        }
}
```

一共执行程序____次，出现结果为____的有____次，出现结果为____的有____次。

（2）以下程序运行后 OS 创建了几个进程？进程间的关系如何？每个进程的输出内容是什么（画出进程家族树，并在树上注明每个进程的输出）？最后屏幕显示结果为何？

```
#include<unistd.h>
main()
{
        int p1,p2;
```

```
        while((p1=fork())==-1);
        if(p1==0)                          // 标记1
                putchar('B');
        else
        {
                while((p2=fork())==-1);
                if(p2==0)                  // 标记2
                        putchar('C');
                else
                        putchar('A');
        }
}
```

①将标记 1 处改为：if(p1>0)。
②将标记 2 处改为：if(p2>0)。
③将标记 1 处和标记 2 处同时改为：if(p1>0) 和 if(p2>0)。
将程序作以上修改后，重新分析，画出修改后的进程家族树。

（3）以下程序运行后 OS 创建了几个进程？进程间的关系如何（画出进程家族树）？最后屏幕显示结果为何？

```
#include<unistd.h>
main()
{
    fork();
    fork();
    fork();
    putchar('A');
}
```

```
#include<unistd.h>
main()
{
    fork();
    fork();
    fork();
    fork();
    putchar('A');
}
```

3. 程序设计

（1）设计一个程序，要求实现父进程创建一个子进程，返回后父、子进程分别循环输出字符串"I am parent."或"I am child." 5 次，每输出一次后使用 sleep(1) 延时 1 秒，然后再进入下一次循环，如下所示。

父进程程序段如下：
```
for(i=0;i<5;i++)
{
    printf("I am parent.\n");
    sleep(1);
}
```

子进程程序段如下：
```
for(i=0;i<5;i++)
{
    printf("I am child.\n");
    sleep(1);
}
```

（2）如果父进程创建 3 个子进程，其父子关系如图 2-1 所示，其程序结构如何？如果父进程创建了 2 个子进程，其中子进程 C 又创建了孙子进程 D，如图 2-2 所示，其程序又如何？

设计程序实现以上这两种情况。

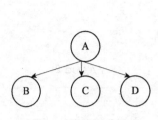
图2-1　父子关系（1）

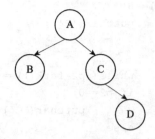
图2-2　父子关系（2）

 实验思考

1．Linux 中系统调用 fork 的功能是什么？它有几种返回值，分别代表什么含义？
2．Linux 中进程映像由哪些结构组成？PCB 由哪些结构组成？
3．Linux 中父进程通过 fork 创建子进程时，父子进程中有哪些结构不同？哪些结构相同？
4．Linux 中在 C 语言源程序中执行了 fork 调用后，是否会发生中断？CPU 的状态有什么变化？体会系统调用和子程序调用的区别。
5．为什么说 fork 调用将导致"一个程序，两次执行"？

实验 5

父子进程同步与子进程重载

 实验目的

（1）使用系统调用 getpid() 和 getppid() 获得当前进程和父进程的 PID 号。
（2）使用系统调用 wait(0) 和 exit(0)，实现父子进程同步。
（3）掌握在 Linux 中如何加载属于子进程自己的程序，以取代在子进程创建时由系统复制的父进程的程序。
（4）掌握父进程如何通过创建一个子进程来完成某项任务的方法。
（5）熟悉系统调用 execv 和 execl 的使用。

 相关知识

1. 与本次实验相关的系统调用

（1）pid_t getpid()
- 功能：获取当前进程的 PID 值。
- 返回值：当前进程的 PID 值。
- 参数说明：无参数。
- 常见用法：p=getpid();

（2）pid_t getppid()
- 功能：获取当前进程父进程的 PID 值。
- 返回值：当前进程父进程的 PID 值。
- 参数说明：无参数。
- 常见用法：p=getppid();

（3）pid_t wait([int* stat_addr,] 0);
- 功能：父进程等待任意一个子进程终止。
- 返回值：
　　>0——在执行 wait() 之前已经有一个子进程终止，对其做善后处理，并返回子进程的 PID 号。

-1——之前没有任何子进程终止，该进程阻塞，插入等待进程终止的队列，当有子进程终止时被唤醒。
- 参数说明：stat_addr——子进程僵死时的终止信息，可省略。
- 常见用法：wait(0);

（4）pid_t waitpid(pid_t pid,int * stat_addr,int options);
- 功能：父进程等待指定的子进程终止。
- 返回值：正常返回时返回收集到的子进程 PID 号，错误时返回 -1。
- 参数说明：
  pid——等待进程的 PID 号，其中，
  　>0——等待指定 PID 号的子进程终止。不管其他子进程是否终止，只要指定 PID 号的子进程还没有终止，父进程就一直等待。
  　=0——等待与父进程同组的子进程。如果子进程已经加入了其他的进程组，waitpid 不会对它做任何理睬。
  　=-1——等同于 wait(0)，等待任意子进程。
  　<-1——等待进程组号为 |PID| 的任意子进程。
  option——提供一些额外的选项来控制 waitpid，如果不需要可设为 0。
- 常见用法：waitpid(pid);

（5）void exit(int status);
- 功能：终止当前进程。
- 返回值：无返回值。
- 参数说明：status——进程终止时向父进程发送的终止信号，可设为 0。
- 常见用法：exit(0);

（6）int execv(char* path,char* argv[]);
　　int execl(char* path,0);
- 功能：将指定的可执行文件加载到指定的进程映像中，覆盖该进程映像中原有的程序。
- 返回值：程序加载成功不返回，加载失败返回 -1。
- 参数说明：
  path——进程重新加载的可执行文件，格式为"路径名 / 文件名"。
  argv——重加载文件所需要的参数组，指针数组，每个指针指向一个参数（字符串形式）。
- 常见用法：
  execl(" 路径名 / 文件名 ",0);
  execv(" 路径名 / 文件名 ",argv);

备注：以上系统调用所用头文件为 #include<unistd.h>。

2. 实现父进程等待子进程（子进程→父进程）的父子进程同步关系的程序基本结构

```
#include<unistd.h>
main()
```

```
{
    int p;
    while((p=fork())==-1);
    if(p==0)
    {
        // 此为子进程程序段
        exit(0);
    }
    else
    {
        wait(0);
        // 此为父进程程序段
    }
}
```

3. 使用系统调用excel或execv来重新加载子进程映像的方法

（1）先准备好子进程需要加载的程序：编写源程序，并将它编译链接成可执行文件，记下该文件的路径名/文件名，执行可执行文件，观察运行结果是否正确。

（2）如果该可执行文件带参数，则在主程序中父进程创建子进程之前，先定义指向字符串的指针数组 char *argv[N]，数组成员为该可执行文件的各个参数，最后的环境值可以用 NULL 代替。如果该可执行文件不带参数，则这一步不做。

（3）在主程序中父进程创建子进程后，在子进程程序段中加载事先准备好的可执行的加载程序，该程序不带参数使用 execl(filepath,0)，带参数则使用 execv(filepath,argv)。

典型例题

1. 例题一

程序一：
```
#include<unistd.h>
main()
{
    int p;
    while((p=fork())==-1);
    if(p==0)
    {
        putchar('B');
    }
    else
    {
        putchar('A');
    }
}
```

程序二：
```
#include<unistd.h>
main()
{
    int p;
    while((p=fork())==-1);
    if(p==0)
    {
        putchar('B');
        exit(0);
    }
    else
    {
        wait(0);
        putchar('A');
    }
}
```

程序一的运行结果为 AB 或 BA，程序二的运行结果为 BA。

结果分析：父进程通过 fork 创建子进程后，子进程输出 B，父进程输出 A。操作系统对于父子进程的调度执行具有随机性，它们执行的先后次序不受程序源代码中分支顺序的影响。只要父子进程之间没有使用同步工具来控制其执行序列，则父子进程并发执行的顺序取决于操作系统的调度，谁先谁后是随机的。因此，程序一输出的结果可能是 AB 或 BA 随机结果的任意一种。程序二中父进程在输出 A 之前先执行 wait(0)，等待子进程终止。子进程在输出 B 以后使用 exit(0)，使子进程自我终止，并向父进程发送终止信号。父进程在接收到子进程的终止信号后，执行 A 的输出。因此，程序二的输出结果只能是 BA。

2. 例题二

父进程创建子进程并加载的程序 test.c

```
#include<unistd.h>
main()
{
        int p;
        while((p=fork())==-1);
        if(p==0)
        {
                execl("./child.exe",0);
                exit(0);
        }
        else
        {
                wait(0);
        }
}
```

子进程要加载的程序 child.c

```
#include<unistd.h>
main()
{
        printf("I am a child!\n");
}
```
源程序编写完成后，通过编译链接命令
gcc -o child.exe child.c
生成可执行文件 child.exe，以备子进程加载使用。

程序 test 运行结果：I am a child!

结果分析：父进程通过 fork 创建子进程后，子进程通过 execl 重新加载新的进程映像 child.exe。执行程序 test.exe 后，子进程加载程序 child.exe 的输出在屏幕上显示出来，说明加载成功。

3. 例题三

```
#include<unistd.h>
main()
{
        char* argv[3]={"echo","Hello world!",NULL};
        execv("/bin/echo",argv);
        exit(0);
}
```

程序运行结果：Hello world!

结果分析：进程通过 execv 加载 /bin/echo 文件，调用键盘命令 "echo"Hello world!""。该文件含两个参数，分别为 echo 和 "Hello world!"，所以使用 execv 加载，命令参数数组 argv 定义为指针数组，需要提前定义。

实验内容

1. 程序分析

（1）程序一

```
#include<unistd.h>
main()
{
    int p;
    while((p=fork())==-1);
    if(p==0)
    {
        putchar('B');
        exit(0);
    }
    else
    {
        putchar('A');
    }
    putchar('Y');
}
```

以上程序运行后父进程创建子进程，父子进程各自输出什么？屏幕显示结果是什么？一个进程执行 exit(0) 后进程变为什么态？操作系统是否需要进行进程调度？exit(0) 后面的代码是否需要继续执行？

（2）程序二

```
#include<unistd.h>
main()
{
    int p;
    while((p=fork())==-1);
    if(p==0)
    {
        printf("B1:p=%d\n",p);
        printf("B2:getpid is %d\n",getpid());
        printf("B3:getppid is %d\n",getppid());
    }
    else
    {
        printf("A1:p=%d\n",p);
        printf("A2:getpid is %d\n",getpid());
        printf("A3:getppid is %d\n",getppid());
    }
}
```

}

以上程序运行后父进程创建子进程，父子进程在各自程序段中输出的变量 p 值、getpid 的结果、getppid 的结果分别是什么？画出进程家族树，并注明每个进程的 PID 值。

通过以上结果，分析：

①子进程如何在自己的程序段中获得自己的 PID 号和父进程的 PID 号？

②父进程如何在自己的程序段中获得自己的 PID 号和子进程的 PID 号？

(3) 程序三

```
#include<unistd.h>
main()
{
    int p1,p2;
    while((p1=fork())==-1);
    if(p1==0)
    {
        putchar('B');
        exit(0);
    }
    else
    {
        while((p2=fork())==-1);
        if(p2==0)
        {
            putchar('C');
            exit(0);
        }
        else
        {
            //标记1
            putchar('A');
        }
    }
}
```

以上程序运行后 OS 创建了几个进程？建立的进程家族树是怎样的结构？理论上最终屏幕上显示的结果有几种可能？列出所有的可能。

在源程序的标记 1 处分别做以下修改，现在程序的可能结果分别又有哪几种？
- 添加 wait(0);
- 添加 wait(0);wait(0);
- 添加 waitpid(p1);
- 添加 waitpid(p1);waitpid(p2);

2. 程序设计

(1) 设计一个程序，要求实现父进程创建一个子进程，父子进程程序段如下所示，并使用 exit(0) 和 wait(0) 实现父子进程同步，其同步方式为父进程等待子进程，即子进程先循环输出"I am child."5 次，然后父进程再循环输出"I am parent."5 次，每输出一次后使用 sleep(1) 延时 1 秒。

父进程程序段如下：
```
for(i=0;i<5;i++)
{
        printf("I am parent.\n");
        sleep(1);
}
```

子进程程序段如下：
```
for(i=0;i<5;i++)
{
        printf("I am child.\n");
        sleep(1);
}
```

（2）设计一个程序，要求实现父进程创建一个子进程，子进程的功能是输出 26 个英文字母，使用 execl() 对子进程的程序加载。

（3）设计一个程序，要求实现父进程创建一个子进程，并使用 execv() 给它加载程序，其功能是调用键盘命令 ps –a。已知键盘命令 ps 的路径与文件名为：/bin/ps。

（4）分别通过键盘命令、shell 脚本及 execv() 执行命令 "ls -l"，体会三种方法的不同。已知键盘命令 ls 的路径与文件名为：/bin/ls。

实验思考

1．进程执行系统调用 fork()、wait(0)、exit(0) 时，操作系统分别要进行哪些进程控制操作？进程状态如何变化？其中哪些状态的变化将会引起操作系统的调度进程的执行？

2．一个进程执行了 exit(0) 后，如果该语句后面还有其他语句，这些语句还会执行吗？为什么？

3．如何正确理解进程和程序之间的联系？"一个进程只能关联一个程序"或"一个程序只能创建一个进程"这种说法对不对？为什么？

4．对进程映像进行重载的目的何在？有何好处？

实验 6

Linux的软中断通信

实验目的

（1）了解 Linux 常用的软中断信号。
（2）使用系统调用 signal() 进行软中断信号的预置。
（3）使用系统调用 kill() 发送软中断信号。
（4）熟悉通过软中断信号实现子进程等待父进程的同步。
（5）了解使用软中断通信实现异步事件的方法。

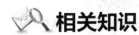 相关知识

1.与本次实验相关的软中断信号（见表2-2）

表2-2 软中断信号及含义

序号	名称	含义
2	SIGINT	按下 Ctrl+c 组合键
10	SIGUSR1	用户定义信号 1
12	SIGUSR2	用户定义信号 2

2. 本次实验相关的系统调用

（1）int kill(pid_t pid,int sig);
- 功能：向给定 PID 号的进程发送软中断信号 sig。
- 返回值：正确时返回 0，错误时返回 -1。
- 参数说明。
  pid——接收软中断信号的进程 PID 号，其中，
    \>0——将软中断信号发送给指定 PID 号的进程。
    =0——将软中断信号发送给与当前进程属于同一个进程组的所有进程。
    =-1——将软中断信号广播给当前进程有权发送信号的所有进程，除了进程 1。
    <-1——将软中断信号发送给进程组标识为 |pid| 的所有进程。

sig——发送的软中断信号的序号或名称。假如 sig 值为零，则没有任何信号发送，但是系统仍然会执行错误检查。因此，可以使用"kill(pid,0);"命令来检验 pid 进程是否仍在执行。
- 常见用法：
  kill(pid,SIGUSR1);
  kill(pid,SIGUSR2);

（2）void signal(int sig, void (* function)());
- 功能：预置软中断信号 sig。
- 返回值：无返回值。
- 参数说明。

sig——预置的软中断信号的序号或名称。

function——与软中断信号关联的函数地址，进程在运行过程中捕捉到指定的软中断信号后，中断当前程序的执行转到该函数执行。

- 常见用法：
  signal (SIGUSR1,func);
  signal (SIGUSR2,func);

备注：以上系统调用所用头文件为 #include<signal.h>。

3. 预置函数signal的说明

所谓预置函数指的是程序在执行过程中即使遇到 signal 也不执行，直接跳过 signal 执行后面的代码，直到该进程捕捉到指定的软中断信号 sig 后，才会中断当前 main 函数，转到指定的函数 function 执行，等 function 执行完毕后返回 main 函数继续执行。

软中断信号必须提前预置，然后才能在进程运行过程中捕获。

4. 实现子进程等待父进程（父进程→子进程）的父子进程同步关系的程序基本结构

```
#include<unistd.h>
#include<signal.h>
int k=1;
void func()
{
       k=0;
}
main()
{
       int p;

       while((p=fork())==-1);
       if(p==0)
       {
              signal(SIGUSR1,func);
```

```
                while(k);
                // 此为子进程程序段
        }
        else
        {
                // 此为父进程程序段
                kill(p,SIGUSR1);
        }
}
```

典型例题

1. 例题

```
#include<unistd.h>
#include<signal.h>
int k=1;
void func()
{
        k=0;
}
main()
{
        int p;

        while((p=fork())==-1);
        if(p==0)
        {
                signal(SIGUSR1,func);
                while(k);
                printf("Child!");
        }
        else
        {
                printf("Parent!");
                kill(p,SIGUSR1);
        }
}
```

程序运行结果：Parent！ Child!

结果分析：父进程先使用 signal 进行软中断信号的预置，然后父进程创建子进程，父子进程通过 if/else 结构各自执行自己的程序段。子进程执行"while(k);"时由于 k 值为 1，子进程重复执行空循环，下一条语句"Child！"无法输出，被"阻塞"。父进程先执行"Parent"的输出，然后向子进程发送软中断信号 SIGUSR1。子进程接收到 SIGUSR1 后，中断空循环，执行 func 函数,将 k 值修改为 0,返回后继续执行 while 循环,此时由于 k 值已经修改,循环结束,输出 "Child!"。因此,屏幕上最后的显示结果为 Parent! Child!,先父进程输出,后子进程输出,实现了子进程等待父进程(父进程→子进程)的父子进程同步。

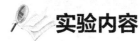 实验内容

1. 程序比较

(1) 组合一

程序一:
```
#include<unistd.h>
main()
{
    int k=1;
    While(k)
    {
        printf("Hello!\n");
    }
    printf("Exit Now!\n");
}
```

程序二:
```
#include<unistd.h>
int k=1;
void func()
{
    k=0;
}
main()
{
    signal(SIGINT,func);
    While(k)
    {
        printf("Hello!\n");
    }
    printf("Exit Now!\n");
}
```

① Linux 中软中断信号 Ctrl+c 组合键的编码、名称、含义各是什么?
② 执行程序,在循环显示 "Hello!" 时,键盘输入 Ctrl+c 的组合键中断循环显示,观察比较程序一和程序二在中断后的输出内容,并分析说明为什么会产生这些不同?
③ 程序一和程序二对软中断信号 Ctrl+c 组合键的含义是否相同?程序二是如何处理 Ctrl+c 组合键的?

(2) 组合二

程序一:
```
#include<unistd.h>
main()
{
    int p;
    while((p=fork())==-1);
    if(p==0)
    {
        putchar('B');
        exit(0);
    }
    else
    {
        wait(0);
        putchar('A');
    }
}
```

程序二:
```
#include<unistd.h>
#include<signal.h>
int k=1;
void func()
{
    k=0;
}
main()
{
    int p;
    while((p=fork())==-1);
    if(p==0)
    {
        signal(SIGUSR1,func);
        while(k);
        putchar('B');
    }
```

```
                                    else
                                    {
                                        putchar('A');
                                        kill(p,SIGUSR1);
                                    }
                                }
```

①程序一的输出结果是什么？父子进程的同步关系如何？
②程序二的输出结果是什么？父子进程的同步关系如何？
③总结子进程→父进程和父进程→子进程同步关系实现的方法。

2. 程序阅读

```c
#include<unistd.h>
#include<signal.h>
int k=1,count=0;
void func()
{
    count++;
    if(count==5)
        k=0;
}
main()
{
    int p,i;
    while((p=fork())==-1);
    if(p==0)
    {
        signal(SIGUSR1,func);
        while(k);
        printf("count=%d\n",count);
    }
    else
    {
        for(i=1;i<=5;i++)
        {
            kill(p,SIGUSR1);
            sleep(1);
        }
    }
}
```

阅读程序，回答问题：
①哪个进程发送软中断信号？哪个进程接收软中断信号？
②一共发送了几次信号？每次接收信号后该如何处理？
③程序的输出结果是什么？

3. 程序填空

（1）将下面的程序补充完整，要求实现子进程1→子进程2→父进程的进程同步关系，具体要求如下：父进程创建两个子进程，子进程1先输出B，子进程2输出C，最后父进程输出A，即最后的输出结果为BCA。

```
#include<unistd.h>
#include<signal.h>




main()
{
    int p1,p2;
    while((p1=fork())==-1);
    if(p1==0)
    {
        putchar('B');
        exit(0);
    }
    else
    {
        while((p2=fork())==-1);
        if(p2==0)
        {




                putchar('C');
                exit(0);
        }
        else
        {




        }
    }
}
```

```
                    putchar('A');
            }
    }
}
```

（2）将下面的程序补充完整，要求实现父进程→子进程 1→子进程 2→父进程的进程同步关系，具体要求如下：父进程创建两个子进程，父进程先输出 A，子进程 1 输出 B，子进程 2 输出 C，最后父进程输出 D，即最后的输出结果为 ABCD。

```
#include<unistd.h>
#include<signal.h>




main()
{
    int p1,p2;
    while((p1=fork())==-1);
    if(p1==0)
    {




            putchar('B');
            exit(0);
    }
    else
    {
            while((p2=fork())==-1);
            if(p2==0)
            {




            putchar('C');
            exit(0);
            }
            else
            {
                putchar('A');
                setbuf(stdout,NULL);
```

```
                    putchar('D');
                }
            }
        }
```

4. 程序设计

（1）设计一个程序完成以下功能：先循环输出"Hello!"10次，在此过程中使用Ctrl+c组合键不能中断循环显示，10次以后使用Ctrl+c组合键可以中断循环。

（2）设计一个程序完成以下功能：先循环输出"Hello!"若干次，使用Ctrl+c组合键中断后再循环输出"How are you?"若干次，使用Ctrl+c组合键中断后再循环输出"I am fine!"若干次，最后使用Ctrl+c组合键结束程序。

（3）设计一个程序实现父进程→子进程→父进程的进程同步关系，具体要求如下：

父进创建一个子进程，父进程先输出"I am Parent!"3次，然后子进程输出"I am Child!"3次，最后父进程输出"Parent Exit!"3次。

（4）设计一个程序完成以下功能：

①父进程创建两个子进程P1和P2。

②父进程捕捉从键盘上通过Ctrl+c组合键发来的中断信号。

③父进程获得中断信号后使用系统调用kill( )向两个子进程分别发终止执行信号SIGUSR1和SIGUSR2。

④子进程捕捉到各自的信号后分别输出"Child1 is killed by parent !"和"Child2 is killed by parent !"，然后终止执行。

⑤父进程等待两个子进程终止后输出信息"Parent process is killed !"，然后终止执行。

两个子进程的执行先后次序不作要求。

实验思考

1. Linux软中断信号通信适用于什么场合？为什么称为"软中断信号"？

2. 打开 /usr/src/linux-2.4.20-8/include/asm/signal.h 文件，查看Linux对软中断信号的定义。

3. Linux预留给用户使用的软中断信号有哪些？总结如何在C语言源程序中使用软中断信号？

4. 结合本实验和"实验5 父子进程同步与子进程重载"，谈谈父子进程之间子进程→父进程同步关系，父进程→子进程同步关系，父进程→子进程→父进程同步关系，子进程1→子进程2→父进程同步关系，父进程→子进程1→子进程2→父进程如何实现？

实验 7

Linux的管道通信

实验目的

（1）使用系统调用 pipe() 创建无名管道。
（2）使用系统调用 write() 和 read() 读写管道。
（3）掌握父子进程使用无名管道进行通信的方法。
（4）了解无名管道通信的特点和使用上的限制。

相关知识

1. 与本次实验相关的系统调用

（1）int pipe(int fp[2]);
- 功能：创建一个管道名为 fp 的无名管道，以便于创建管道的进程及其子孙进程间共享管道。
- 返回值：正确时返回 0，错误时返回 -1。
- 参数说明。
  fp——创建的无名管道名称，fp[1] 为管道的写入端，fp[0] 为管道的读出端。
- 常见用法：pipe(fp);

（2）int write(fp[1],char* buf,int size);
- 功能：将信息通过管道的写入端送到管道文件中。
- 返回值：正确时返回 0，错误时返回 -1。
- 参数说明：
  fp[1]——管道的写入端。
  buf——写入管道的信息存放的缓冲区地址。
  size——写入管道中的信息的长度。
- 常见用法：write(fp[1],buf_out,size);

（3）int read(fp[0],char* buf,int size);
- 功能：从管道文件的读出端取出信息。

- 返回值：正确时返回 0，错误时返回 -1。
- 参数说明：
  fp[0]——管道的读出端。
  buf——用来存放管道中读出的信息的缓冲区地址。
  size——管道中读出的信息长度。
- 常见用法：read(fp[0],buf_in,size);

（4）int lockf(int files,int fuction,int size);
- 功能：对文件上锁或开锁。
- 返回值：正确时返回 0，错误时返回 -1。
- 参数说明：
  files——需要上锁或开锁的文件描述符，本实验使用管道的读写端口。
  function——功能选择，1 代表上锁，0 代表开锁。
  size——上锁或开锁的字节数，0 代表文件全部内容。
- 常见用法：
  lockf(fp[1],1,0);
  lockf(fp[1],0,0);

备注：以上系统调用所用头文件为 #include<unistd.h>。

2. 无名管道的工作原理

进程在执行系统调用 pipe() 之后创建了一个无名管道，逻辑上它是由操作系统在内存中创建的临时文件，被看作是管道文件，物理上则由文件系统的高速缓冲区构成。从结构上看，无名管道没有文件路径名，不占用文件目录项，它只是存在于打开文件结构中的一个临时文件，随其所依附的进程的生存而生存，当进程终止时，无名管道也随之消亡。

由于涉及文件系统，无名管道文件描述符只能供创建管道的进程及其子孙进程共享使用，因为子进程能够继承父进程打开的所有文件，所以能够继承父进程所创建的无名管道文件。因此，进程间使用无名管道的通信方式仅限于同一家族的进程之间进行。

家族进程间使用无名管道进行通信如图 2-3 所示，其中进程 A、B 为同一家族的进程。

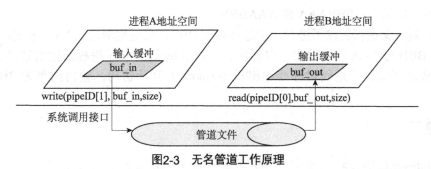

图 2-3　无名管道工作原理

典型例题

1. 例题一

```
#include<unistd.h>
#include<stdio.h>
main()
{
    int p,i;
    while((p=fork())==-1);
    if(p==0)
    {
        //lockf(1,1,0);                          // 第一个参数 "1" 为 stdout 描述符
        for(i=1;i<=3;i++)
        {
            putchar('B');
            setbuf(stdout,NULL);
            sleep(1);
        }
        //lockf(1,0,0);
    }
    else
    {
        //lockf(1,1,0);
        for(i=1;i<=3;i++)
        {
            putchar('A');
            setbuf(stdout,NULL);
            sleep(1);
        }
        //lockf(1,0,0);
    }
}
```

程序运行结果为：BBBAAA 或 AAABBB。

结果分析：父进程创建子进程，子进程输出 BBB，父进程输出 AAA，未使用系统调用 lockf 之前 BBB 与 AAA 交错输出，取消注释，使用 lockf 对父子进程的输出过程进行上锁、开锁后，实现了父、子进程对标准输出设备 stdout 的互斥访问，输出结果为 BBBAAA 或 AAABBB。

2. 例题二

```
#include<unistd.h>
#define SIZE 50
```

```
main()
{
    int p,fp[2];
    char in[SIZE]="Hello world!";
    char out[SIZE];

    pipe(fp);

    while((p=fork())==-1);
    if(p==0)
    {
        write(fp[1],in,SIZE);
        exit(0);
    }
    else
    {
        wait(0);
        read(fp[0],out,SIZE);
        printf("%s",out);
    }
}
```

程序运行结果为：Hello world!。

结果分析：父进程先通过系统调用 pipe 创建无名管道 fp，然后创建子进程，父子进程共享 fp。子进程通过系统调用 write 从写入端 fp[1] 将信息"Hello world!"送入管道，父进程通过系统调用 read 从读出端 fp[0] 将信息读出放到 out 字符数组中，并输出显示。父子进程的先写后读同步关系通过 wait(0)/exit(0) 实现。

实验内容

1. 程序阅读

（1）程序一

```
#include<unistd.h>
main()
{
    int fd[2],count=0;
    pipe(fd);
    while(1)
    {
        write(fd[1],"A",sizeof(char));
        printf("%d\t",++count);
    }
}
```

阅读程序，回答问题：
①以上程序实现了什么功能？该程序的输出结果是什么？最后的输出数字代表什么？
②程序最后能否自行结束？此时程序处于什么状态？在什么情况下，管道的写入端不再继续写入信息？按下 Ctrl+c 键终止程序
③总结管道写入端的工作条件。
（2）程序二

```c
#include<unistd.h>
#define SIZE 10
main()
{
    int p,fd[2],i;
    char *in="1234567890";
    char out[SIZE];
    pipe(fd);
    while((p=fork())==-1);
    if(p==0)
    {
        write(fd[1],in,11);
        exit(0);
    }
    else
    {
        wait(0);
        for(i=1;i<=3;i++)
        {
            read(fd[0],out,6);
            printf("%s\n",out);
        }
        exit(0);
    }
}
```

阅读程序，回答问题：
①子进程通过 write() 从管道的写入端写入了什么信息？
②父进程每次从管道的读出端读信息时，是否能够读取？读出的信息是什么？如果不能读取，进程处于什么状态？完成以下表格。

读取次数	管道中的信息	可否读取	读出的信息
第一次			
第二次			
第三次			

③当输出端请求读取的数据大于管道中的数据时，如何读取管道信息？
④当输出端请求读取的数据小于管道中的数据时，如何读取管道信息？

⑤总结管道读出端的工作条件。

2. 程序设计

（1）设计一个程序，要求实现父进程创建两个子进程，子进程1、子进程2、父进程的程序段如下所示，完成程序设计。

子进程 1 程序段	```for(i=1;i<=10;i++)
{
printf("son %d\n",i);
setbuf(stdout,NULL);
sleep(1);
}```
子进程 2 程序段	```for(i=1;i<=10;i++)
{
printf("daughter %d\n",i);
setbuf(stdout,NULL);
sleep(1);
}```
父进程程序段	```for(i=1;i<=10;i++)
{
printf("parent %d\n",i);
setbuf(stdout,NULL);
sleep(1);
}```

①完成程序设计，观察运行结果，3个进程的输出内容是如何显示的？
②什么是临界资源？标准输出设备 stdout 是否为临界资源？进程应该如何使用临界资源？
③什么是临界区？3个程序的临界区为哪一段？
④修改程序，使用系统调用 lockf() 实现父子3个进程对 stdout 的互斥使用。
⑤实现进程互斥后，现在的程序运行结果是什么？
（2）设计一个程序实现两写一读的管道通信（见图2-4），具体要求如下：

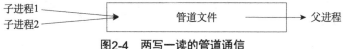

图2-4　两写一读的管道通信

①父进程使用系统调用 pipe() 建立一个无名管道。
②父进程创建两个子进程 P1 和 P2。
③ P1 和 P2 分别向管道各发下面一条信息后结束（两个子进程的发送没有先后要求）：
　　　　Child 1 is sending a message to parent!
　　　　Child 2 is sending a messege to parent!
④父进程从管道中分别接收两个子进程发来的消息并显示该消息，然后父进程结束。
完成程序设计，并回答以下问题：
● 子进程1和子进程2在写信息到管道中时，进程间存在什么关系？
● 子进程和父进程在读写信息时，进程间存在什么关系？
● 如何实现管道通信中的同步与互斥？

 **实验思考**

1. Linux 管道通信适用于什么场合？
2. 管道通信与软中断通信在信息量的大小上有何区别？
3. 管道通信的优点在哪里？有什么缺陷？
4. 无名管道和命名管道使用上有何区别？
5. 共享同一个无名管道进行通信的读写进程之间必须满足什么关系？为什么？
6. 管道的实质是什么？管道中的数据采用什么格式？如何指定管道的读写端？

实验 8

Linux 的消息通信

 实验目的

（1）掌握 Linux 中进程之间使用消息缓冲实现进程通信的方法。
（2）熟悉 Linux 提供的消息通信相关的系统调用。
（3）在进行消息通信时，了解系统如何实现进程间同步。
（4）了解消息通信的特点和存在的缺陷。
（5）了解 Linux 提供的 IPC 机制。

 **相关知识**

1. 与本次实验相关的系统调用

（1）int msgget(key_t key,int flg);
● 功能：创建一个标识为 key 值的消息队列或获取一个已存在消息队列的内部标识符，并设置用户对消息队列的访问权限（读、写）。
● 返回值：正确时返回创建或获取的消息队列内部标识符 msgid（系统使用），错误时返回 -1。
● 参数说明：
    key——用户指定的消息队列外部标识符（用户使用），也可通过 IPC_PRIVATE 由系统产生。
    flag——用户设置的控制命令或访问方式（操作权限），可将创建消息队列的控制命令 IPC_CREAT 及任意进程可读、可写的操作权限 0666 进行或运算得到。
● 常见用法：msgid=msgget(key,IPC_CREAT|0666);
（2）int msgsnd(int msgid,struct msgbuf* msgp,int size,int flag);
● 功能：发送一条消息到指定的消息队列；将 msgp 所指向的 msgbuf 中的消息复制到消息数据结构并挂到指定消息队列的队尾，唤醒等待消息的进程。
● 返回值：正确时返回 0，错误时返回 -1。
● 参数说明：
    msgid——消息队列的内部标识符，可以由 msgget() 返回值得到。
    msgp——指向用户存储区的 msgbuf 结构体变量的指针，在 msgbuf 中包含消息类型和消息正文。

  size——由 msgp 指向的结构体变量中字符数组的长度，也即消息的长度。
  flag——规定当内存空间不够（无法发送消息）时操作系统应执行的动作，可设为 0。
- 常见用法：msgsnd(msgid,&msg,size,0);

（3）int msgrcv(int msgid,struct msgbuf* msgp,int size,int type,int flag);
- 功能：从指定的消息队列中接收消息；将消息复制到 msgp 所指的 msgbuf 中，从消息队列中删除此消息，若消息未到则进程阻塞，并将该进程插入等待消息队列的队尾。
- 返回值：正确时返回 0，错误时返回 -1。
- 参数说明：

  msgid——消息队列的内部标识符，可以由 msgget() 返回值得到。
  msgp——用来存放要存放消息的用户 msgbuf 地址。
  size——由 msgp 指向的结构体变量中字符数组的长度，也即消息的长度。
  type——用户接收消息的方式。
    =0：每次接收消息队列的第一个消息。
    >0：每次接收消息队列中类型为 type 的第一个消息。
    <0：每次接收消息队列中类型≤|type| 的第一个消息。
  flag——规定若该队列无消息（无法接收消息）时操作系统应执行的动作，可设为 0。
- 常见用法：msgrcv(msgid,&msg,size,0,0);

（4）int msgctl(int msgid,int cmd,struct msg_ds* buf);
- 功功能：对消息队列进行控制，可以查询消息队列的状态，设置或修改状态，删除消息队列（本实验使用删除操作）。
- 返回值：正确时返回 0，错误时返回 -1。
- 参数说明：

  msgid——消息队列的内部标识符，可以由 msgget() 返回值得到。
  cmd——规定控制操作的类型，删除消息队列可使用 IPC_RMID。
  buf——控制操作所需的参数或结果，删除操作设为 0。
- 常见用法：msgctl(msgid,IPC_RMID,0);

备注：以上系统调用所用头文件为 #include<linux/msg.h>。

2. 用户对消息队列操作权限的设定

操作权限	八进制数
用户可读	0400
用户可写	0200
小组用户可读	0040
小组用户可写	0020
其他用户可读	0004
其他用户可写	0002

3. Linux的IPC机制

在 Linux 中，IPC 机制包括消息队列、共享内存和信号量集，所有的 IPC 对象都有一个公共的 ipc_perm 结构，它包含 IPC 对象的键值、拥有者、创建者和组标识符及该对象的存取模式。系统通过键值查找指定的 IPC 对象，如果不使用"键"，则进程将无法存取 IPC 对象，因为 IPC 对象并不存在于用户进程本身的内存映像中，而是由操作系统控制和管理并提供给多进程共享的。

一个 IPC 对象对应一个信号量集或消息队列或共享内存，每一个 IPC 对象都有一个唯一的 IPC 标识。

4. Linux的消息通信

消息缓冲队列满足 IPC 通信机制的通用规则为：使用一个消息队列标识符来唯一标识一个消息队列，并依此检查访问权限。

多个独立的进程之间可以通过消息缓冲机制来相互通信，这种通信是通过多进程共享同一个消息队列来实现的。发送消息的进程可以在任意时刻发送任意个消息到指定的消息队列上，同时还要检查是否有接收进程在等待它所发送的消息，若有则唤醒接收进程；而接收进程可以在需要消息时到该消息队列上获取消息，如果消息还没有到来，则接收进程转入睡眠状态。

消息队列一旦创建后即可由多进程共享，针对同一消息队列的发送进程和接收进程必须互斥进入，同时发送进程和接收进程仍然存在先发送后接收的同步关系。由于操作系统提供的 msgsnd() 和 msgrcv() 系统调用自带同步机制，所以用户在使用消息通信时不需要再额外考虑发送进程和接收进程之间的同步关系。

5. Linux消息队列的结构（见图2-5）

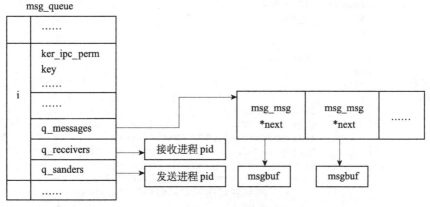

图2-5　给定key值的消息队列

典型例题

1. 例题

发送进程
msgsnd.c

```c
#include<unistd.h>
#include<stdio.h>
#include<string.h>
#include<linux/msg.h>
#define KEY 1234
#define  SIZE   512
struct   my_msg
{
        int type;
        char text[SIZE];
}msg;
main()
{
        int msgid,i;
        char in[SIZE];
        msgid=msgget(KEY,IPC_CREAT|0666);
        for(i=1;i<=3;i++)
        {
                puts("Enter some text:");
                fgets(msg.text,SIZE,stdin);
                msg.type=1;
                msgsnd(msgid,&msg,SIZE,0);
        }
        exit(0);
}
```

接收进程
msgsnd.c

```c
#include<unistd.h>
#include<stdio.h>
#include<string.h>
#include<linux/msg.h>
#define KEY 1234
#define  SIZE   512
struct   my_msg
{
        int type;
        char text[SIZE];
}msg;
main()
{
        int msgid,i;
        char in[SIZE];
        msgid=msgget(KEY,IPC_CREAT|0666);
        for(i=1;i<=3;i++)
        {
                msgrcv(msgid,&msg,SIZE,0,0);
                printf("You wrote:%s",msg.text);
        }
        msgctl(msgid,IPC_RMID,0);
        exit(0);
}
```

程序运行结果如下：

发送进程	接收进程
Enter some text: Message1 Enter some text: Message2 Enter some text: Message3	You wrote: Message1 You wrote: Message2 You wrote: Message3

结果分析：发送进程和接收进程是两个独立进程。发送进程先通过 msgget() 创建一个标识为 KEY 的消息队列，然后把键盘输入的三条信息通过 msgsnd() 发送到消息队列；接收进程先通过 msgget() 获取标识为 KEY 的消息队列，同时获得对消息队列的操作权限（可读、可写），然后通过 msgrcv() 从消息队列依次读取信息，并输出显示，最后由接收进程通过 msgctl() 撤销消息队列。

消息通信自带同步工具，在使用 msgsnd() 发送消息和 msgrcv() 接收消息时不需要另外考虑进程间的同步互斥问题，使用方便。

实验内容

（1）设计程序实现以下功能：

①参考典型例题，设计两个独立进程，即发送进程和接收进程，通过消息队列进行进程通信，以 "end" 作为结束消息。

②修改上题，将两个程序合并为一个，通过父进程创建一个子进程，子进程发送消息，父进程接收消息，以 "end" 作为结束消息。

（2）设计一个程序实现以下功能：

①屏幕上显示功能菜单。

```
***********************************
*   1：get a message queue        *
*   2：sending message            *
*   3：receiving message          *
*   4：remove a message queue     *
*   0：Exit                       *
***********************************
```

②接收用户的选择。

③根据用户的选择，创建消息队、发送消息、接收消息、撤销消息队列。

④仅当用户选择 0 才能结束程序的运行返回，否则继续显示功能菜单接收用户新的选择，将屏幕控制起来。

（3）设计一个程序实现以下功能：父进程创建两个子进程，父子进程间通过消息队列实现进程通信。父进程发送 10 条信息，分别为 message1、messsage2、…、message10，子进程 1 从消息队列上读取奇数次消息，即 message1、messsage3、…、message9，子进程 2 从消息队列上读取偶数次消息，即 message2、messsage4、…、message10。

提示：可以使用不同的 type 将奇偶次消息区分。

（4）模拟 C/S 通信，要求如下：

①模拟客户端（Client 端）程序 client，其功能是：

- 显示下列服务功能菜单。

```
*****************************
*   1：Query balance         *
*   2：Draw money            *
*   3：Save money            *
*   4：Change password       *
*   0：Exit                  *
*****************************
```

- 接收用户键入的功能号。
- 将用户键入的功能号作为一条信息发送到消息队列，然后结束。

②模拟服务器端（Server 端）程序 server，其功能是：

- 从消息队列接收 Client 端发来的一条消息。
- 父进程创建一个子进程。
- 根据消息作如下处理。

若消息为"1"，子进程 1 加载服务模块 query，该模块的内容为显示以下信息 "You have $10000!"。

若消息为"2"，子进程 1 加载服务模块 draw，该模块的内容为显示以下信息：You have drawn $10000!

若消息为"3"，子进程 1 加载服务模块 save，该模块的内容为显示以下信息：You have saved $10000!

若消息为"4"，子进程 1 加载服务模块 change，该模块的内容为显示以下信息：Your password has changed!

若消息为"0"，退出子进程。

- 等待子进程终止后，server 进程删除消息缓冲队列，然后结束。

注意：

❖ 各个子模块 query、draw、save 和 change 要事先编译链接好，放在你认为合适的子目录下。

❖ 采用先运行客户端进程，然后运行服务器端进程的方式实现同步。

❖ 注意子进程的加载方法。

实验思考

1. Linux 消息缓冲通信适用于什么场合？

2. 消息缓冲通信有什么优点？有什么缺陷？
3. 在使用消息缓冲通信进行通信时，发送和接收之间的同步机制由谁提供？
4. 消息缓冲通信与管道通信有哪些不同之处？当两个独立的进程之间需要传递大量信息时，应该使用哪一种通信方式？

实验 9

Linux的共享内存通信

实验目的

（1）掌握 Linux 提供的共享内存通信方式的使用方法。
（2）熟悉 Linux 提供的共享内存通信相关的系统调用。
（3）在进行共享内存通信时，掌握实现进程间同步的方法。
（4）掌握字符型共享内存与数值型共享内存的使用方法。
（5）了解共享内存通信方式的特点和使用上的限制。
（6）了解进程间高级通信的不同方式之间的区别、特点和适用情况。

相关知识

1. 与本次实验相关的系统调用

（1）int shmget(key_t key, int size,int flag);
- 功能：创建一块标识为 key 值、大小指定的共享内存或获取一个已存在的共享内存的内部标识符，并设置用户对共享内存的访问权限（读、写）。
- 返回值：正确时返回创建或获取的共享内存内部标识符 shmid（系统使用），错误时返回 -1。
- 参数说明：

　　key——用户指定的共享内存外部标识符（用户使用），也可通过 IPC_PRIVATE 由系统产生。

　　size——为共享内存的大小（字节数），如果共享内存定义为字符型，则 size 为字符的个数；如果定义为整型，则 size 为整数个数 N*sizeof(int)。

　　flag——用户设置的控制命令或访问方式（操作权限），可将创建共享内存的控制命令 IPC_CREAT 及任意进程可读、可写的操作权限 0666 进行或运算得到。

- 常见用法：
　　shmid=shmget(key,SIZE,IPC_CREAT|0666);
　　shmid=shmget(key,N*sizeof(int),IPC_CREAT|0666);

（2）char* shmat(int shmid,char* shmaddr,int shmflg);
　　　int* shmat(int shmid,int* shmaddr,int shmflg);
- 功能：逻辑上将内部标识符为 shmid 的共享内存附接到进程的虚地址空间。
- 返回值：正确时返回共享内存附接后的虚地址 viraddr，错误时返回 -1。
- 参数说明：
　shmid——共享内存的内部标识符，可以由 shmget() 返回值得到。
　shmaddr——用户提供的共享内存附接虚地址，0 表示由系统选择合适的地址进行附接。
　shmflg——对共享内存的操作权限，0 表示可读、可写。
- 常见用法：
　viradd=(char*)shmat(shmid,0,0);
　viradd=(int*)shmat(shmid,0,0);

（3）int shmdt(viraddr);
- 功能：将共享内存从指定进程的虚地址空间断开。
- 返回值：正确时返回 0，错误时返回 -1。
- 参数说明：viraddr——共享内存附接的虚地址，可以由 shmat() 返回值得到。
- 常见用法：shmdt(viraddr);

（4）int shmctl(int shmid,int cmd,struct shm_ds *buf);
- 功能：对共享内存进行控制（本实验使用删除操作）。
- 返回值：正确时返回 0，错误时返回 -1。
- 参数说明：
　shmid——共享内存的内部标识符，可以由 shmget() 返回值得到。
　cmd——规定控制操作的类型，删除共享内存使用 IPC_RMID。
　buf——控制操作所需的参数或结果，删除操作设为 0。
- 常见用法：shmctl(shmid,IPC_RMID,0);

备注：以上系统调用所用头文件为 #include<Linux/shm.h>。

2. Linux的共享内存通信

共享内存通信是 UNIX 系统中通信速度最快的一种通信机制。该机制可使若干进程共享主存中的某一个区域，且使该区域出现（映射）在多个进程的虚地址空间中。共享通信时，必须先在内存中建立一块共享存储区，然后将它附接到进程的虚地址空间上。此后，进程对该区的访问操作与对其虚地址空间的其他部分的操作完全相同。进程之间便可通过对共享内存中数据的读、写来进行直接通信。

图 2-6 中 A、B 两个进程通过一块共享内存进行进程通信。其中，进程 A 将建立的共享内存附接到自己的 AA' 区域，进程 B 将它附接到自己的 BB' 区域。

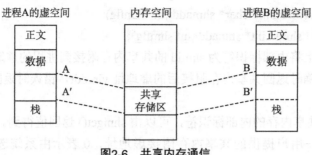

图2-6 共享内存通信

3．共享内存中的同步与互斥

共享内存的通信方式是通过将可以共享的内存缓冲区直接附接到进程的虚拟地址空间中来实现的，因此，这些进程之间的读写操作的同步问题操作系统无法实现，必须由诸共享该内存的进程去控制。

4．信息写入共享内存的方法

（1）字符型数据
● 追加方式：使用字符串追加函数 strcat(viraddr，in)，将 in 中的字符串追加到 viraddr 指向的共享内存的尾部，该共享内存中保存每次写入的信息，但所有信息合并为一条。
● 覆盖方式：使用字符串复制函数 strcpy(viraddr，in)，将 in 中的字符串复制到 viraddr 指向的共享内存中，该共享内存中只保存当前复制的信息（以前复制的信息被覆盖）。
（2）数值型数据
将 *viraddr 作为数值型变量对其进行操作。例如，*viradd=0。
（3）数值型数组
将 viraddr[i] 作为数组元素对其进行操作。例如，viradd[i]=0。

 典型例题

1．例题一

发送进程
shmsnd.c

```
#include<unistd.h>
#include<stdio.h>
#include<string.h>
#include<linux/shm.h>
#define KEY 1234
#define  SIZE   512
main()
{
    int shmid,i;
    char *viraddr;
    char in[SIZE];

    shmid=shmget(KEY,SIZE,IPC_CREAT|0666);
    viraddr=(char*)shmat(shmid,0,0);
```

| | ```
            for(i=1;i<=3;i++)
            {
                    puts("Enter some text:");
                    fgets(in,SIZE,stdin);
                    strcat(viraddr,in);
            }
            shmdt(viraddr);
            exit(0);
}
``` |
| 接收进程<br>shmrcv.c | ```
#include<unistd.h>
#include<stdio.h>
#include<string.h>
#include<linux/shm.h>
#define KEY 1234
#define SIZE  512
main()
{
        int shmid,i;
        char *viraddr;
        char in[SIZE];

        shmid=shmget(KEY,SIZE,IPC_CREAT|0666);
        viraddr=(char*)shmat(shmid,0,0);

        printf("You wrote:\n%s",viraddr);

        shmdt(viraddr);
        shmctl(shmid,IPC_RMID,0);
        exit(0);
}
``` |

程序运行结果如下：

发送进程	接收进程
Enter some text: Message1 Enter some text: Message2 Enter some text: Message3	You wrote: Message1 Message2 Message3

结果分析：发送进程和接收进程是两个独立进程。发送进程先通过 shmget() 创建一块标识为 KEY，大小为 SIZE 的共享内存，然后通过 shmat() 将该共享内存附接到发送进程的虚地址空间中，发送进程即可以直接访问该共享内存，如同访问自己的私有空间一样。接着发送进程通过 strcat() 以追加的方式依次把键盘输入的三条信息写到共享内存中，最后将共享内存从发送进程的虚地址空间中断开；接收进程先通过 shmget() 获取标识为 KEY，大小为 SIZE 的共享内存，同时获得对共享内存的操作权限（可读、可写），同样通过 shmat() 将该共享内存附接到接收进程的虚地址空间中，然后直接将共享内存中的信息一次性地输出显示，最后接收进程将共享内存从自己的虚地址空间中断开，并通过 shmctl() 撤销共享内存。

共享内存通信不带同步工具，发送进程和接收进程间的同步互斥关系需要通过其他同步工具解决。在本例中，只能通过先执行 shmsnd.exe 发送信息，再执行 shmrcv.exe 接收信息人工实现进程间的同步。

2. 例题二

将例题一中发送进程发送三条消息的程序作如下修改，保持接收进程程序不变。

```
for(i=1;i<=3;i++)
{
        puts("Enter some text:");
        fgets(in,SIZE,stdin);
        strcpy(viraddr,in);
}
```

程序运行结果如下：

```
You wrote:
Message3
```

结果分析：例题一以追加的方式将输入的信息写入共享内存中，三条信息合并为一条，分为三行一次性地输出；例题二以覆盖的方式将输入的信息写入共享内存中，后面的信息覆盖前面的信息，只有最后一条信息被接收信息接收。

实验内容

1. 程序比较

（1）组合一

消息通信	共享内存通信
Enter some text: Message1 Enter some text: Message2 Enter some text: Message3 You wrote: Message1 You wrote: Message2 You wrote: Message3	Enter some text: Message1 Enter some text: Message2 Enter some text: Message3 You wrote: Message1 Message2 Message3

现有两个独立进程 snd 和 rcv，分别通过消息队列和共享内存实现进程通信。通过先执行 snd 进程，后执行 rcv 进程的方式实现进程同步，程序的运行结果如上所示，观察程序的运行结果，回答问题：

①从程序运行结果看，消息通信和共享内存通信在发送消息时是否有差别？接收消息时是否有差别？为什么会出现差别？

②消息通信和共享内存通信在进程同步机制上有何差别？

③以下这些进程组能否通过消息队列或共享内存实现进程通信？
- 父子进程。
- 在同一台计算机上运行的两个独立进程。

- 运行在不同计算机上通过局域网联系的两个独立进程。

（2）组合二

程序框架	消息通信	共享内存通信
| ```
#include<unistd.h>
main()
{
    int p;
    数据结构的声明和创建；
    while((p=fork())==-1);
    if(p==0)
    {
            // 此为子进程程序段
    }
    else
    {
            // 此为父进程程序段
    }
}
``` | 子进程程序段为 msgsnd<br>父进程程序段为 msgrcv<br>父子进程间不再添加任何其他同步工具 | 子进程程序段为 shmsnd<br>父进程程序段为 shmrcv<br>父子进程间通过父进程wait(0)，子进程exit(0)实现父子进程同步 |

现有父子两个进程，分别通过消息队列和共享内存实现进程通信。在上述的基本程序框架上，子进程程序段和父进程程序段是分别添加两种进程通信方式的（msgsnd/msgrcv 和 shmsnd/shmrcv），并使用不同的方式实现进程同步，回答问题：

①消息通信方式下，程序的运行结果是什么？是否唯一？
②共享内存通信方式下，程序的运行结果是什么？是否唯一？
③分析出现不同结果的原因。

2．程序设计

（1）设计程序实现以下功能。

①参考典型例题，设计两个独立进程：发送进程和接收进程，通过共享内存进行进程通信，以"end"作为结束消息。采用先执行发送进程，后执行接收进程的方式实现两个进程的同步关系。

②修改上题，将两个程序合并为一个，通过父进程创建一个子进程，子进程发送消息，父进程接收消息，以"end"作为结束消息。注意父子进程间同步关系的实现。

③继续修改上题，改为父进程发送消息，子进程接收消息，以"end"作为结束消息。注意父子进程间同步关系的实现。

（2）设计一个程序实现以下功能：父进程创建两个子进程，两个子进程之间通过共享内存实现进程通信。该共享内存为长度为 10 的整型数组，子进程 2 先往共享内存中存放数据 1~10，接着子进程 1 接收数据并输出，父进程负责共享内存的创建、附接、断开附接及撤销。注意两个子进程间同步关系的实现。

（3）设计一个程序实现以下功能：父进程创建两个子进程，父子进程间通过共享内存实现进程通信。该共享内存为长度为 10 的整型数组，子进程 1 先往共享内存中存放数据 1~5，接着子进程 2 再往共享内存中存放数据 6~10，最后由父进程读出所有数据并求和，输出结果。注意父子进程间同步关系的实现。
```

（4）设计一个程序实现以下功能：父进程创建 3 个子进程，父子进程间通过共享内存实现进程通信。该共享内存为长度为 10 的整型数组，子进程 1 先往共享内存中存放数据 1~10，接着子进程 2 从共享内存中读取数据 1~5，然后子进程 3 从共享内存中读取数据 6~10，最后由父进程撤销共享内存。注意父子进程间同步关系的实现。

实验思考

1. Linux 共享内存通信适用于什么场合？
2. Linux 共享内存通信有哪些优点？使用上有哪些限制？
3. 在使用共享内存通信进行通信时，发送和接收之间的同步机制如何实现？
4. 父子进程利用共享内存通信时，进程间的同步关系如何实现？能否实现发送、接收、发送、接收……这样的同步关系？
5. 总结数值型共享内存作为变量或作为数组的使用方法。
6. 哪些进程通信方式属于 Linux 的高级进程通信？高级进程通信有何特点？
7. 总结共享存储区通信与消息缓冲通信、管道通信方式各有哪些特点。

实验 10

Linux的信号量通信

实验目的

（1）掌握 Linux 信号量集的创建与初值的设定。
（2）掌握 Linux 信号量 P、V 操作的定义。
（3）掌握使用 P、V 操作实现进程间同步和互斥的方法。
（4）加深对进程同步互斥概念的理解。
（5）加深对 Linux 的 IPC 机制的理解。

相关知识

1. 与本次实验相关的数据结构

（1）信号量标识符
int semid;
（2）信号量赋初值时需要使用的参数的数据结构
union semun arg;
（3）P、V 操作使用的数据结构
struct sembuf P,V;

2. union semun 和 struct sembuf 的具体定义

这两个数据结构在 include/linux/sem.h 中进行了定义，用户在源程序中可以直接使用。

union semun
{
   int val;
   struct semid_ds *buf;
   unsigned short *array;
   struct seminfo *__buf;
   void *__pad;
};
	struct sembuf
	{
	   unsigned short sem_num;
	   short sem_op;
	   short sem_flg;
	};

在信号量赋初值时仅需使用其中的 val 成员即可。	P、V 操作进行初始化时需要对三个成员分别进行： sem_num 代表信号量集的第几个元素，第一个信号量为 0，第二个信号量为 1…… semop 代表信号量操作，P 操作为 -1，V 操作为 +1。 sem_flg 代表操作的执行模式，可设为 SEM_UNDO，指明内核为信号量操作保留恢复值。

3. 与本次实验相关的系统调用

（1）int semget(key_t key,int nsems,int semflg);

- 功能：创建一个标识为 key 值的信号量集或获取一个已存在信号量集的内部标识符，并设置用户对信号量集的访问权限（读、写）。
- 返回值：正确时返回创建或获取的信号量集内部标识符 semid（系统使用），错误时返回 -1。
- 参数说明：

key——用户指定的信号量集外部标识符（用户使用），也可通过 IPC_PRIVATE 由系统产生。

size——创建或获取的信号量集包含的信号量的数目，为简单起见本实验使用的信号量集中仅包含一个信号量，参数值设为 1。

flag——用户设置的控制命令或访问方式（操作权限），可将创建信号量集的控制命令 IPC_CREAT 及任意进程可读、可写的操作权限 0666 进行或运算得到。

- 常见用法：semid=semget(key,1,IPC_CREAT|0666);

（2）int semop(int semid,struct sembuf* sops,unsigned nsops);

- 功能：执行信号量的 P、V 操作。
- 返回值：正确时返回 0，错误时返回 -1。
- 参数说明：

semid——信号量集的内部标识符，可以由 semget() 返回值得到。

sops——信号量的 P、V 操作，指向一个 sembuf 结构体数组，该数组的每个元素对应一次信号量操作。sembuf 结构体的定义和成员初始化前面已有叙述。

nsops——参数 sops 所指向 sembuf 结构体数组中元素的个数。

- 常见用法：

semop(semid,&P,1);

semop(semid,&V,1);

（3）int semctl(int semid,int semnum,int cmd,union semun arg);

- 功能：对信号量集进行控制（本实验使用赋值操作和删除操作）。
- 返回值：正确时返回 0，错误时返回 -1。
- 参数说明：

semid——信号量集的内部标识符，可以由 semget() 返回值得到。

semnum——指定操作对象是信号量集的第几个信号量，因本实验信号量集中仅包含一个信号量，参数设为 0。

cmd——规定控制操作的类型，信号量赋值操作使用 SETVAL，信号量集删除操作使用 IPC_RMID。

BUF——控制操作所需的参数或结果，赋值操作使用 arg.val，删除操作设为 0。

- 常见用法：

semctl(semid,0,SETVAL,arg);

semctl(semid,IPC_RMID,0);

备注：以上系统调用所用头文件为 #include<linux/sem.h>。

4. 信号量通信的实现

（1）使用信号量的具体步骤

①声明数据结构（包括整型变量 semid，联合体结构 union semun 类型变量 arg，结构体 struct sembuf 类型变量 P、V）。

②使用系统调用 semget() 创建信号量集。

③使用系统调用 semctl() 信号量赋初值。

④P、V 操作初始化（包括 sem_num、sem_op、sem_flg 三个成员）。

⑤使用系统调用 semop() 在程序适当的位置执行信号量的 P/V 操作。

⑥使用系统调用 semctl() 撤销信号量集。

（2）使用信号量的程序基本框架

```
#include<unistd.h>
#include<linux/sem.h>
main()
{
        int semid;
        union senum arg;
        struct sembuf P,V;

        /* 创建只含有一个互斥信号量元素的信号量集 */
        semid=semget(IPC_PRIVATE,1,0666|IPC_CREAT);

        arg.val= 信号量初值 ;
        if(semctl(semid,0,SETVAL,arg)==-1)
                perror("semctl setval error");

        /* 定义P、V操作 */
        P.sem_num=0;
        P.sem_op=-1;
        P.sem_flg=SEM_UNDO;
        V.sem_num=0;
        V.sem_op=1;
        V.sem_flg=SEM_UNDO;

        /* 以下开始实现程序功能的代码，在合适的地方执行信号量的 P、V 操作 */
        ……
        semop(semid,&P,1);
        ……
        semop(semid,&V,1);
        ……

        /* 撤销信号量集 */
        semctl(semid,IPC_RMID,0);
}
```

典型例题

1. 例题一

父进程创建一个子进程,父子进程共享一个临界资源,每个进程循环进入该临界区使用临界资源 3 次。父进程每次进入临界区后显示"parent in",出临界区则显示"parent out";子进程每次进入临界区后显示"child in",出临界区则显示"child out"。

程序一:
```
#include<unistd.h>
main()
{
    int p,i;
    while((p=fork())==-1);
    if(p==0)
    {
        for(i=1;i<=3;i++)
        {
            printf("child in\n");
            sleep(1);
            printf("child out\n");
        }
    }
    else
    {
        for(i=1;i<=3;i++)
        {
            printf("parent in\n");
            sleep(1);
            printf("parent out\n");
        }
    }
}
```

程序二:
```
#include<unistd.h>
#include<linux/sem.h>
main()
{
    int mutexid,p,i;
    struct sembuf P,V;
    union semun arg;

    /* 创建只含有一个互斥信号量元素的信号量集 */
    mutexid=semget(IPC_PRIVATE,1,0666|IPC_CREAT);

    /* 为信号量赋初值 */
    arg.val=1;
    if(semctl(mutexid,0,SETVAL,arg)==-1)
        perror("semctl setval error");

    /* 定义 P、V 操作 */
    P.sem_num=0;
    P.sem_op=-1;
    P.sem_flg=SEM_UNDO;
    V.sem_num=0;
    V.sem_op=1;
    V.sem_flg=SEM_UNDO;
```

```
            while((p=fork())==-1);
            if(p==0)
            {
                for(i=1;i<=3;i++)
                {
                    semop(mutexid,&P,1);        // 进入临界区前执行（mutex）
                    printf("child in\n");
                    sleep(1);
                    printf("child out\n");
                    semop(mutexid,&V,1);        // 出临界区执行 V（mutex）
                }
                exit(0);
            }
            else
            {
                for(i=1;i<=3;i++)
                {
                    semop(mutexid,&P,1);        // 进入临界区前执行 P（mutex）
                    printf("parent in\n");
                    sleep(1);
                    printf("parent out\n");
                    semop(mutexid,&V,1);        // 出临界区执行 V（mutex）
                }
                wait(0);
                semctl(mutexid,IPC_RMID,0);     // 撤消信号量
                exit(0);
            }
}
```

程序运行结果如下：

程序一（其中一种）	程序二（其中一种）
child in	child in
parent in	child out
child out	parent in
child in	parent out
parent out	parent in
parent in	parent out
child out	child in
child in	child out
parent out	child in
parent in	child out
child out	parent in
parent out	parent out

结果分析：从程序一的运行结果看，子进程先进入临界区使用临界资源（child in），在子进程的使用过程中（未出临界区），父进程也进入了临界区（parent in），此时代表父子进程同时都在使用该临界资源；子进程使用临界资源完毕，出临界区（child out），子进程重新进入临界区使用临界资源（child in），此时父进程未出临界区，因此，父子进程再次同时使用临界资源；接着父进程使用临界资源完毕，出临界区（parent out），父进程重新进入临界区（parent in）……循环往复，因此，程序一中的父子进程对临界资源的使用没有实现互斥，在某些时刻出现了父子进程同时使用临界资源的现象。

从程序二的运行结果看，子进程先进入临界区使用临界资源（child in），一直等到子进程使用临界资源完毕，出临界区（child out），之后父进程才进入临界区使用（parent in），子

进程使用临界资源完毕,出临界区(parent out),因此,程序二中的父子进程对临界资源的使用实现了互斥,任何时刻都只有一个进程使用临界资源。

程序二中进程互斥的实现通过使用 mutex 作为互斥信号量,mutex 的初值为 1,父子进程在进入临界区之前执行 mutex 的 P 操作,出临界区之后执行 mutex 的 V 操作,从而实现父子进程的互斥。

2. 例题二

父进程创建一个子进程,父子进程通过共享内存进行进程通信,子进程向共享内存以覆盖方式写信息,父进程从该共享内存中读信息并显示信息。父子进程轮流读写三次,即子进程写一个信息到共享内存中,父进程从中读该信息输出;然后子进程再写第 2 个信息,父进程再读出第 2 个信息输出,如图 2-7 所示。

图2-7 父子进程同步问题

这里涉及一个同步问题,读写共享内存的父子两个进程之间只需要考虑同步不需要考虑互斥。子进程执行条件为共享内存有空,设信号量 empty,初值为 1;父进程执行条件为共享内存有数,设信号量 full,初值为 0。

源程序如下所示:

```
#include<unistd.h>
#include<stdio.h>
#include<string.h>
#include<linux/sem.h>
#include<linux/shm.h>
#define SIZE 512
main()
{
    int shmid,emptyid,fullid,p,i;
    char *viraddr,in[SIZE];
    struct sembuf P,V;
    union semun arg;

    /* 创建并附接共享内存 */
    shmid=shmget(IPC_PRIVATE,SIZE,0666|IPC_CREAT);
    viraddr=(char*)shmat(shmid,0,0);

    /* 创建信号量并初始化 */
    emptyid=semget(IPC_PRIVATE,1,IPC_CREAT|0666);
    fullid=semget(IPC_PRIVATE,1,IPC_CREAT|0666);
    arg.val=1;
    if(semctl(emptyid,0,SETVAL,arg)==-1)
            perror("semctl setval error");
    arg.val=0;
```

```
        if(semctl(fullid,0,SETVAL,arg)==-1)
                perror("semctl setval error");

        /* 定义P、V操作 */
        P.sem_num=0;
        P.sem_op=-1;
        P.sem_flg=SEM_UNDO;
        V.sem_num=0;
        V.sem_op=1;
        V.sem_flg=SEM_UNDO;

        while((p=fork())==-1);
        if(p==0)
        {
                for(i=1;i<=3;i++)
                {
                        semop(emptyid,&P,1);      // 执行P(empty)
                        puts("Enter your text:");
                        fgets(in,SIZE,stdin);
                        strcpy(viraddr,in);
                        semop(fullid,&V,1);       // 执行V(full)
                }
                exit(0);
        }
        else
        {
                for(i=1;i<=3;i++)
                {
                        semop(fullid,&P,1);       // 执行P(full)
                        printf("You wrote:\n%s",viraddr);
                        semop(emptyid,&V,1);      // 执行V(empty)
                }
                wait(0);
                shmdt(viraddr);                   // 断开附接的共享内存
                shmctl(shmid,IPC_RMID,0);         // 撤销共享内存
                semctl(emptyid,IPC_RMID,0);       // 撤销信号量集
                semctl(fullid,IPC_RMID,0);
                exit(0);
        }
}
```

程序运行结果如下：

```
Enter some text:
Message1
You wrote:
Message1
```

```
Enter some text:
Message2
You wrote:
Message2
Enter some text:
Message3
You wrote:
Message3
```

结果分析：父子进程通过共享内存进行进程通信。父子进程间的同步关系通过信号量 empty、full 的 P、V 操作实现。从运行结果看，实现了读写过程的轮流交替进行，即写信息、读信息、写信息、读信息……

3. 例题三

改进上题，将上题中出现的两个信号量 empty、full 用一个信号量集 sem 实现，并将信号量的 P、V 操作定义在一个操作数组 op 中。

源程序如下所示：

```c
#include<unistd.h>
#include<stdio.h>
#include<string.h>
#include<linux/sem.h>
#include<linux/shm.h>
#define SIZE 512
main()
{
    int semid,shmid,p,i;
    char *viraddr,in[SIZE];
    struct sembuf op[4];
    union semun arg;

    /* 创建并附接共享内存 */
    shmid=shmget(IPC_PRIVATE,SIZE,0666|IPC_CREAT);
    viraddr=(char*)shmat(shmid,0,0);

    /* 创建信号量并初始化，变化 1*/
    semid=semget(IPC_PRIVATE,2,IPC_CREAT|0666);
    arg.val=1;
    if(semctl(semid,0,SETVAL,arg)==-1)
            perror("semctl setval error");
    arg.val=0;
    if(semctl(semid,1,SETVAL,arg)==-1)
            perror("semctl setval error");

    /* 定义 P、V 操作，变化 2*/
```

```
            for(i=0;i<=3;i++)
            {
                    op[i].sem_num=i%2;
                    if(i<=1)
                            op[i].sem_op=-1;
                    else
                            op[i].sem_op=1;
                    op[i].sem_flg=SEM_UNDO;
            }

            while((p=fork())==-1);
            /* 信号量的P、V操作,变化3*/
            if(p==0)
             {
                    for(i=1;i<=3;i++)
                    {
                            semop(semid,&op[0],1);          // 执行P(empty)
                            puts("Enter your text:");
                            fgets(in,SIZE,stdin);
                            strcpy(viraddr,in);
                            semop(semid,&op[3],1);          // 执行V(full)
                    }
                    exit(0);
             }
            else
             {
                    for(i=1;i<=3;i++)
                    {
                            semop(semid,&op[1],1);          // 执行P(full)
                            printf("You wrote:\n%s",viraddr);
                            semop(semid,&op[2],1);          // 执行V(empty)
                    }
                    wait(0);
                    shmdt(viraddr);                         // 断开附接的共享内存
                    shmctl(shmid,IPC_RMID,0);               // 撤销共享内存
                    semctl(semid,IPC_RMID,0);               // 撤销信号量集
                    exit(0);
             }
}
```

程序结果如例题二所示。

程序分析：注意代码段中信号量集的创建、信号量的初始化、PV 操作数组的声明及初始化、信号量的 PV 操作的使用等变化，各种数值的具体含义如下：

信号量集的创建及初始化如表 2-3 所示。

表2-3　信息量集的创建及初始化

sem 信号量集（2 个信号量）	信号量集第几个信号量	信号量初值
empty	0	1
full	1	0

op 数组初始化的设置如表 2-4 所示。

表2-4　op数组初始化的设置

op 数组	sem_num	sem_op	对应操作
op[0]	0	-1	P(empty)
op[1]	1	-1	P(full)
op[2]	0	1	V(empty)
op[3]	1	1	V(full)

本例题中创建了一个名为 sem 的信号量集，信号量集中包含了 2 个信号量 {empty,full}，对信号量集赋初值时，将第 0 个元素 empty 设为 -1，第 1 个元素 full 设为 0。信号量的 P、V 操作定义为长度为 4 的数组 op，数组元素 op[0]~op[3] 依次代表 P(empty)、P(full)、V(empty)、V(full)4 次操作。其中 op[0]、op[2] 是 empty 信号量，sem_num 为 0，op[1]、op[3] 是 full 信号量，sem_num 为 1；op[0]、op[1] 是 P 操作，sem_op 为 -1，op[2]、op[3] 是 V 操作，sem_op 为 -1。

实验内容

1. 程序设计

（1）使用信号量实现进程互斥

设计一个程序，父进程创建两个子进程，子进程 1、子进程 2、父进程的程序段如下所示，要求使用互斥信号量 mutex 实现父子进程对 stdout 的互斥，完成程序设计。

子进程 1 程序段	`for(i=1;i<=10;i++)`
	`{`
	`    printf("son %d\n",i);`
	`    setbuf(stdout,NULL);`
	`    sleep(1);`
	`}`

子进程 2 程序段	`for(i=1;i<=10;i++)`
	`{`
	`    printf("daughter %d\n",i);`
	`    setbuf(stdout,NULL);`
	`    sleep(1);`
	`}`

父进程程序段	`for(i=1;i<=10;i++)`
	`{`
	`    printf("parent %d\n",i);`
	`    setbuf(stdout,NULL);`
	`    sleep(1);`
	`}`

(2) 使用信号量实现进程同步

父进程创建两个子进程，父子进程之间通过共享内存进行进程通信。该共享内存为一个整型变量的大小。由子进程 1 将一个整数 x 送到共享内存中，子进程 2 对该整数执行计算 $y=x^3$，并将计算后得到的 y 值重新送到共享内存中，父进程从共享内存中读出 y 值并输出显示。如图 2-8 所示，x 的取值分别为 2,-5,8，使用同步信号量实现进程同步。

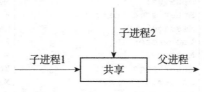

图2-8 父子三进程同步问题

(3) 使用信号量实现进程的前驱后继同步

父进程创建 4 个子进程，子进程 P1 输出 A，子进程 P2 输出 B，子进程 P3 输出 C，子进程 P4 输出 D。4 个子进程的前驱后继关系如图 2-9 所示，使用同步信号量实现进程同步。

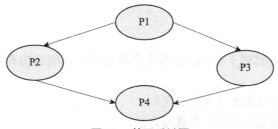

图2-9 前驱后继图

(4) 使用信号量实现进程的同步互斥混合关系

设计一个程序，要求实现的功能如下：父进程创建三个子进程，父子进程通过共享内存进行进程通信。该共享内存为长度为 5 的整型数组。子进程 1 往共享内存中存放数据 1~10，子进程 2 和子进程 3 轮流从共享内存中接收这 10 个数据，并对接收的数据进行累加求和。最后由父进程输出累加和。父子进程间的同步互斥通过同步、互斥信号量的 P、V 操作实现，如图 2-10 所示。

提示：需要使用 3 个共享内存，使用共享内存 array 存放数据，使用共享内存 get 存放子进程 2 和 3 的读计数，使用共享内存 sum 存放读出数据的累加和。

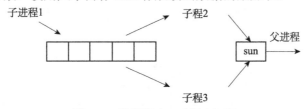

图2-10 进程同步互斥混合问题

2. 观察结果，分析程序

父进程创建一个子进程，父、子进程进行进程通信，子进程发送消息，父进程接收子进程发来的消息，并显示消息内容。分别用消息缓冲通信、共享内存通信（wait+exit 实现同步）、共享内存通信（empty+full 信号量实现同步）三种不同的方式实现，最终程序运行结果如下所示。请指出下面各各结果分别对应哪种通信方式，并说明判断的依据。

结果一	结果二	结果三
Enter some text: Message1 You wrote: Message1 Enter some text: Message2 You wrote: Message2 Enter some text: Message3 You wrote: Message3	Enter some text: Message1 Enter some text: Message2 You wrote: Message1 Enter some text: Message3 You wrote: Message2 You wrote: Message3	Enter some text: Message1 Enter some text: Message2 Enter some text: Message3 You wrote: Message1 You wrote: Message2 You wrote: Message3

实验思考

1. 哪些进程通信方式属于 Linux 的低级进程通信？高级通信和低级通信在通信信息量上有何区别？
2. 针对每个信号量需要进行哪些定义？
3. 总结使用信号量系统调用的步骤与方法。
4. 进程之间如何使用信号量及其 P、V 操作实现进程互斥？进程同步？
5. 结合实验 7 中的 lockf() 系统调用，谈谈使用上锁 / 开锁实现进程互斥与使用信号量实现进程互斥的区别。

实验 11 资源分配算法

实验目的

（1）了解操作系统资源分配管理的主要内容。
（2）掌握死锁的基本概念、死锁产生的根本原因及必要条件。
（3）掌握操作系统规避死锁的常用算法——银行家算法。
（4）加深理解安全序列、安全状态、不安全状态、死锁状态的基本概念。
（5）掌握用安全性算法判断系统安全性的方法。
（6）通过模拟程序实现银行家算法和随机动态分配资源算法。
（7）比较银行家算法和随机动态分配资源算法的优劣。

相关知识

1. 死锁(Deadlock)

死锁是指系统中所有并发进程彼此互相等待对方所拥有的资源，而且这些并发进程在没有得到对方占有的资源之前又不会释放自己拥有的资源，从而导致所有进程都不能继续向前推进的一种系统状态。

2. 死锁产生的根本原因和必要条件

（1）根本原因：资源不足。
（2）必要条件：
- 互斥。
- 不可剥夺（请求与保持）。
- 部分分配。
- 环路。

3. 与本次实验相关的资源分配算法

（1）随机动态分配资源算法：当进程向操作系统提出新的资源需求时，只要系统剩余资源能满足进程的当前需求，就立即将资源分配给该进程，随机动态分配资源算法可能导致死锁的发生。

（2）银行家算法（Banker's Algorithm）：是一种最有代表性的避免死锁的算法，由艾兹格·迪科斯彻（Edsger Wybe Dijkstra）在 1965 年提出，它以银行借贷系统的分配策略为基础，判断并保证系统的安全运行。在银行家算法中允许进程动态地申请资源，但系统在进行资源分配之前，应先计算此次分配资源的安全性，若分配不会导致系统进入不安全状态，则分配，否则拒绝分配。

4．银行家算法的实现过程

（1）验证进程当前申请数是否合法，若当前申请数与进程已占资源数之和超过进程的资源需求总量，则当前申请数不合法，需重新输入申请数。

（2）判断系统当前剩余资源数能不能满足进程申请资源数,如资源不够,进程置为等待态；如资源足够，则进行试探分配，将进程所申请资源数分配给该进程。

（3）使用安全性算法检查系统是否处于安全状态,看看所有进程是否都能得到执行完标志。

（4）若系统处于不安全状态，则分配无效，进程置为等待态；若系统处于安全状态，则分配有效，将当前申请数加入该进程的已占资源数。

（5）检查该进程的已占资源数是否等于进程的资源需求总量。若相等，则表示该进程可完成，进程置为完成态，释放所有已占有资源。同时检查是否有等待进程，现在的剩余资源数是否能分配给它们。

（6）重复上述过程，直到所有进程都成功完成。

5．随机动态分配资源算法的实现过程

（1）验证进程当前申请数是否合法，若当前申请数与进程已占资源数之和超过进程的资源需求总量，则当前申请数不合法，需重新输入申请数。

（2）判断系统当前剩余资源数能不能满足进程申请资源数,如资源不够,进程置为等待态；如资源足够，则执行分配，将进程所申请资源数分配给该进程。

（3）检查该进程的已占资源数是否等于进程的资源需求总量。若相等，则表示该进程可完成，进程置为完成态，释放所有已占有资源。同时检查是否有等待进程，现在的剩余资源数是否能分配给它们。

（4）重复上述过程，直到所有进程都成功完成或若干进程形成死锁，即进程都处于等待状态。

6．本次实验中使用的进程控制块PCB

进程控制块 PCB 是操作系统管理控制进程的数据结构。每个进程由一个 PCB 来标识。为简单起见,本次实验假定 PCB 的内容包括进程号（PID）、资源需求总量（require）、已占用资源数（occupy）、申请资源数（apply）、进程状态（state）、完成标志（finished），如图 2-11 所示。

PID
require
occupy
apply
state
finished

图2-11 PCB结构

7. 本次实验中使用的进程状态

为简单起见，本次实验假定进程只有三种状态：就绪态、等待态和完成态。进程申请资源后操作系统执行分配进入就绪态（Ready），进程申请资源但操作系统拒绝分配进入等待态（Wait），进程获得所有资源后进入完成态（Finished）。

 模拟程序

以下程序是操作系统资源管理算法的模拟程序 banker.cpp：

```cpp
#include <iostream>
#include <vector>
const int STATE_R=0;
const int STATE_W=1;
const int STATE_F=2;
const int RLength=10;
int Rcs_left=RLength;
class pcb
{
        public:
                int p_pid;
                int p_require;
                int p_occupy;
                int p_apply;
                int p_stat;
                int p_finished;
                pcb(int id, int require)
                {
                        p_pid=id;
                        p_require=require;
                        p_occupy=0;
                        p_apply=0;
                        p_stat=STATE_R;
                        p_finished=false;
                }
                friend ostream & operator << (ostream &cout,const pcb & p)
```

```cpp
            {
                cout<<p.p_pid<<'\t'<<p.p_stat<<'\t'<<p.p_require<<'\t'<<p.p_occupy<<endl;
                return cout;
            }
    };
    void rand(vector<pcb>&pgrp);
    void banker(vector<pcb>&pgrp);
    int main()
    {
            vector<pcb>pgrp;
            cout<<"ENTER THE MAX NUMBER FOR THE REQESTED RESOURCE:"<<endl;
            cout<<"ID\tREQUESTED"<<endl;
            int qty;
            for(int i(1);i<=4;i++)
            {
                    do
                    {
                            cout<<i<<'\t';
                            cin>>qty;
                    }while(qty>Rcs_left || qty<1);
                    pgrp.insert(pgrp.begin(),pcb(i,qty));
            }

            cout<<"ALOGRITHM:"<<endl<<"Random(R)"<<'\t'<<"Banker(B)"<<'\t'<<"(Any other key to quit!)"<<endl;
            char choice;
            cin>>choice;
            if(choice=='R' || choice=='r')
                    rand(pgrp);
            else if(choice=='B' || choice=='b')
                    banker(pgrp);
            else
                    return 0;
            return 1;
    }
    void rand(vector<pcb>&pgrp)
    {
            vector<pcb>::iterator p,q;
            vector<pcb>::iterator current;
            int temp;
            cout<<"NOW--------RANDOM ALOGRITHM"<<endl;
            for(;;)
            {
                    for(p=pgrp.begin();p!=pgrp.end();p++)
                    {
```

```cpp
                    if(p->p_stat==STATE_R)
                    {
                            current=p;
                            break;
                    }
            }
            if(current->p_apply==0)
            {
                    cout<<"ENTER THE APPLY FOR THE PROCESS"<< current->p_pid<<':';
                    cin>>temp;
                    while(temp>p->p_require-p->p_occupy)
                    {
                            cout<<"Beyond the real need!"<<endl;
                            cout<<"ENTER THE APPLY FOR THE PROCESS" <<current->p_pid<<':';
                            cin>>temp;
                    }
                    p->p_apply=temp;
                    }
        if(current->p_apply>Rcs_left)
        {
                current->p_stat=STATE_W;
                cout<<current->p_pid<<"is waitting\n";
                for(p=pgrp.begin();p!=pgrp.end();p++)
                {
                    if(p->p_stat==STATE_R)
                        break;
                }
                if(p==pgrp.end())
                {
                        cout<<"LOCKED!!!"<<endl;
                        exit(1);
                }
                continue;
        }
        cout<<temp<<"resource are accepted for"<<p->p_pid << endl;
        Rcs_left-=current->p_apply;
        current->p_occupy+=current->p_apply;
        current->p_apply=0;
        if(current->p_occupy<current->p_require)
        {
                pcb proc(*current);
                pgrp.erase(current);
                pgrp.insert(pgrp.end(),proc);
                continue;
```

```cpp
                }
                cout<<"process"<<p->p_pid<<"has finished!!"<<endl;
                Rcs_left+=current->p_occupy;
                current->p_stat=STATE_F;
                for(p=pgrp.begin();p!=pgrp.end();p++)
                {
                        if(p->p_stat==STATE_W)
                                break;
                }
                if(p==pgrp.end())
                {
                        for(q=pgrp.begin();q!=pgrp.end();q++)
                        {
                                if(q->p_stat==STATE_R)
                                        break;
                        }
                        if(q==pgrp.end())
                        {
                                cout<<"SUCCEED!!"<<endl;
                                        exit(0);
                        }
                        else
                                continue;
                }
                for(p=pgrp.begin();p!=pgrp.end();p++)
                {
                        if(p->p_stat==STATE_W && Rcs_left>=p->p_apply)
                                break;
                }
                if(p!=pgrp.end())
                {
                        p->p_stat=STATE_R;
                        pcb proc(*p);
                        pgrp.erase(p);
                        pgrp.insert(pgrp.end(),proc);
                        continue;
                }
        }
}
void banker(vector<pcb>&pgrp)
{
        vector<pcb>::iterator p;
        vector<pcb>::iterator current,q;
        pcb proc(0,0);
        int length;
        cout<<"NOW--------BANKER ALOGRITHM"<<endl;
```

```cpp
for(;;)
{
        for(p=pgrp.begin();p!=pgrp.end();p++)
        {
                if(p->p_stat==STATE_R)
                {
                        current=p;
                        break;
                }
        }
        if(current->p_apply==0)
        {
                cout<<"ENTER THE APPLY FOR THE PROCESS"<< current->p_pid<<':';

                cin>>current->p_apply;
                while(current->p_apply > current->p_require- current->p_occupy)
                {
                        cout<<"Beyond the real need!"<<endl;
                        cout<<"ENTER THE APPLY FOR THE PROCESS" <<current->p_pid<<':';

                        cin>>current->p_apply;
                }
        }
        if(current->p_apply>Rcs_left)
        {
                current->p_stat=STATE_W;
                proc=*current;
                pgrp.erase(current);
                pgrp.insert(pgrp.end(),proc);
                cout<<endl<<p->p_pid<<" is waitting!\n";
                continue;
        }
        pcb backup(*current);
        length=Rcs_left;
        current->p_occupy+=current->p_apply;
        length-=current->p_apply;
        if(current->p_occupy==current->p_require)
        {
                length+=current->p_require;
                current->p_finished=true;
        }
        int flag=1;
        while(flag==1)
        {
                flag=0;
                for(p=pgrp.begin();p!=pgrp.end();p++)
```

```
                    {
                            if(p->p_stat==STATE_F)
                                    continue;
                            if(p->p_finished==true)
                                    continue;
                            if((p->p_require-p->p_occupy)>length)
                                    continue;
                            else
                            {
                                    p->p_finished=true;
                                    length+=p->p_occupy;
                                    flag=1;
                                    cout<<p->p_pid<<" "<< p->p_occupy<<" "<<p->p_require<<endl;
                                    continue;
                            }
                    }
            }
            for(p=pgrp.begin();p!=pgrp.end();p++)
            {
                    if(p->p_finished==false && p->p_stat!=STATE_F)
                            break;
            }
            if(p!=pgrp.end())
            {
                    current->p_occupy=backup.p_occupy;
                    current->p_stat=STATE_W;
                    cout<<current->p_pid<<"is waitting."<<endl;
                    proc=*current;
                    pgrp.erase(current);
                    pgrp.insert(pgrp.end(),proc);
                    for(p=pgrp.begin();p!=pgrp.end();p++)
                            p->p_finished=false;
                    continue;
            }
            Rcs_left-=current->p_apply;
            cout<<current->p_pid<<"get"<<current->p_apply<<" resource(s)!"<<endl;
            current->p_apply=0;
            for(p=pgrp.begin();p!=pgrp.end();p++)
                    p->p_finished=false;
            if(current->p_occupy<current->p_require)
            {
                    proc = *current;
                    pgrp.erase(current);
                    pgrp.insert(pgrp.end(),proc);
```

```
                    continue;
            }
            current->p_stat=STATE_F;
            current->p_occupy=0;
            cout<<current->p_pid<<"has finished!!!"<<endl;
            Rcs_left+=current->p_require;
            for(p=pgrp.begin();p!=pgrp.end();p++)
            {
                    if(p->p_stat==STATE_W)
                            break;
            }
            if(p==pgrp.end())
            {
                    for(q=pgrp.begin();q!=pgrp.end();q++)
                    if(q->p_stat==STATE_R)
                            break;
                    if(q==pgrp.end())
                    {
                            cout<<"SUCCEED!!"<<endl;
                            exit(0);
                    }
                    else
                            continue;
            }
            p->p_stat=STATE_R;
            continue;
        }
}
```

程序运行结果（随机动态分配资源算法）：

```
ENTER THE MAX NUMBER FOR THE REQESTED RESOURCE:
ID      REQUESTED
1       4
2       5
3       6
4       7
ALOGRITHM:
Random(R)       Banker(B)       (Any other key to quit!)
R
NOW--------RANDOM ALOGRITHM
ENTER THE APPLY FOR THE PROCESS4:2
2 resource are accepted for 4
ENTER THE APPLY FOR THE PROCESS3:2
2 resource are accepted for 3
ENTER THE APPLY FOR THE PROCESS2:2
2 resource are accepted for 2
```

```
ENTER THE APPLY FOR THE PROCESS1:2
2 resource are accepted for 1
ENTER THE APPLY FOR THE PROCESS4:2
2 resource are accepted for 4
ENTER THE APPLY FOR THE PROCESS3:2
3 is waitting
ENTER THE APPLY FOR THE PROCESS2:2
2 is waitting
ENTER THE APPLY FOR THE PROCESS1:2
1 is waitting
ENTER THE APPLY FOR THE PROCESS4:2
4 is waitting
LOCKED!!!
```

程序运行结果（银行家算法）：

```
ENTER THE MAX NUMBER FOR THE REQESTED RESOURCE:
ID      REQUESTED
1       4
2       5
3       6
4       7
ALOGRITHM:
Random(R)       Banker(B)       (Any other key to quit!)
B
NOW--------BANKER ALOGRITHM
ENTER THE APPLY FOR THE PROCESS4:2
4 2 7
3 0 6
2 0 5
1 0 4
4 get 2 resource(s)!
ENTER THE APPLY FOR THE PROCESS3:2
3 2 6
2 0 5
1 0 4
4 2 7
3 get 2 resource(s)!
ENTER THE APPLY FOR THE PROCESS2:2
2 2 5
1 0 4
4 2 7
3 2 6
2 get 2 resource(s)!
ENTER THE APPLY FOR THE PROCESS1:2
```

```
1 2 4
3 2 6
2 2 5
4 2 7
1 get 2 resource(s)!
ENTER THE APPLY FOR THE PROCESS4:2
4 is waitting.
ENTER THE APPLY FOR THE PROCESS3:2
3 is waitting.
ENTER THE APPLY FOR THE PROCESS2:2
2 is waitting.
ENTER THE APPLY FOR THE PROCESS1:2
3 2 6
2 2 5
4 2 7
1 get 2 resource(s)!
1 has finished!!!
4 is waitting.
3 4 6
2 2 5
4 2 7
3 get 2 resource(s)!
2 is waitting.
4 is waitting.
ENTER THE APPLY FOR THE PROCESS3:2
2 2 5
4 2 7
3 get 2 resource(s)!
3 has finished!!!
2 4 5
4 2 7
2 get 2 resource(s)!
ENTER THE APPLY FOR THE PROCESS2:1
4 2 7
2 get 1 resource(s)!
2 has finished!!!
4 4 7
4 get 2 resource(s)!
ENTER THE APPLY FOR THE PROCESS4:3
4 get 3 resource(s)!
4 has finished!!!
SUCCEED!!
```

实验内容

分析【模拟程序】中资源管理算法模拟程序 bank.cpp，加深理解操作系统资源管理的方法。

1. 程序中的变量和数据结构分析（见表2-5）

表2-5 程序中的变量和数据结构分析

所在函数	变量和数据结构		含义
标识符常量	STATE_R	0	
	STATE_W	1	
	STATE_F	2	
	RLength	10	
全局变量	int Rcs_left		
	class pcb	p_pid	
		p_require	
		p_occupy	
		p_apply	
		p_stat	
		p_finished	
		pcb(int id, int require)	
		friend ostream & operator << (ostream &cout,const pcb & p)	
main()	vector<pcb>pgrp		
	int qty		
	char choice		
rand()	vector<pcb>::iterator current		
	vector<pcb>::iterator p		
	vector<pcb>::iterator q		
	int temp		
banker()	vector<pcb>::iterator current		
	vector<pcb>::iterator p		
	vector<pcb>::iterator q		
	pcb proc(0,0)		
	pcb backup(*current)		
	int length		
	int flag		

2. 程序中的函数分析（见表2-6）

表2-6 程序中的函数分析

函数	函数功能	参数及其含义	返回值含义
rand()			
banker()			

3. rand()函数分析

分析 rand() 函数，看看在不同情况下，操作系统是如何执行资源分配的。
（1）哪种状态下的进程才可以提出新的资源请求？
（2）进程提出的新的资源请求必须符合什么条件？程序中是如何表示的？
（3）如果请求资源数大于进程剩余需求，系统如何操作？
（4）如果请求资源数大于系统剩余可用资源数，进程状态如何变化？系统如何操作？
（5）什么情况下系统死锁？系统如何判定？
（6）如果系统执行资源分配，应该执行哪些操作？
（7）如果资源分配后，进程获得了所有的需求资源数，进程状态如何变化？
（8）进程完成后，系统回收资源，还需执行什么操作？

4. banker()函数分析

（1）如果进程申请的资源数≤系统剩余资源数，系统可否直接执行分配？
（2）系统执行试探分配前，首先必须执行什么操作？
（3）系统执行试探分配后，哪些数据发生了改变？
（4）在什么情况下，试探分配成功，系统可以执行分配？
（5）在什么情况下，试探分配不成功，系统拒绝执行分配？
（6）当系统拒绝执行分配时，进程状态如何变化？

5. 绘制程序流程图

根据前面的分析结果，绘制 main()、rand()、banker() 函数的程序流程图。

6. 程序运行

（1）假定现在有 4 个并发进程 P1、P2、P3、P4，共享系统同类型 10 个不可抢占的资源，每个进程对资源的最大需求数分别为 4、5、6、7。各进程动态地进行资源的申请和释放。资源的请求情况如下所示：
①进程 4 申请 2 个资源。
②进程 3 申请 2 个资源。
③进程 2 申请 2 个资源。
④进程 1 申请 2 个资源。
⑤进程 4 再次申请 2 个资源。
⑥进程 3 再次申请 2 个资源。
⑦进程 2 再次申请 2 个资源。
⑧进程 1 再次申请 2 个资源。
⑨进程 3 第三次申请 2 个资源。
⑩进程 2 第三次申请 1 个资源。
⑪ 进程 4 第三次申请 3 个资源。
分别用随机动态分配资源算法和银行家算法进行资源分配，看看系统如何执行分配。

(2）系统是否发生死锁？若发生死锁，分析发生死锁的过程。
(3）将分析结果与程序的运行结果进行验证，看看是否符合程序的运行结果。

实验思考

1. 操作系统资源分配的基本单位是什么？
2. 发生死锁的根本原因是资源不足，如果资源足够是不是一定不会发生死锁？怎样才算资源"足够"？
3. 如果系统发生了死锁，应该如何处理？
4. 系统的不安全状态是否就是死锁状态？两者有何区别？
5. 在银行家算法中，当进程提出新的资源请求时，操作系统在什么情况下执行资源分配？在什么情况下拒绝分配？
6. 在银行家算法中，当进程的资源请求被操作系统拒绝时，进程的状态发生了什么变化？什么时候该状态再次发生变化？如何变化？
7. 用安全性算法检测系统安全性时需要寻找进程执行的安全序列，安全序列是否唯一？安全序列是否就是进程的最终执行序列？
8. 比较随机动态分配资源算法和银行家算法的优缺点。

实验 12

CPU调度算法

 实验目的

（1）了解操作系统的 CPU 管理主要内容。
（2）加深理解操作系统管理控制进程的数据结构——PCB。
（3）掌握 CPU 管理中几种常见 CPU 调度算法的基本思想和实现过程。
（4）通过模拟程序实现 CPU 调度算法。
（5）掌握衡量 CPU 调度算法性能的评介指标——平均周转时间的计算方法。
（6）比较 CPU 调度算法的性能优劣。

 相关知识

1. 本次实验中使用的进程控制块PCB

为简单起见，本次实验假定 PCB 的内容包括进程号（PID）、估计运行时间（runtime）、到达时间（arrivetime）、进程状态（state）、周转时间（t_time）及指向下一个 PCB 的链接指针（next），如图 2-12 所示。

| PID |
| runtime |
| arrivetime |
| state |
| t_time |
| next |

图2-12　PCB结构

2. 本次实验中使用的进程状态

为简单起见，本次实验假定进程只有两种状态：就绪态和完成态。进程信息提交但尚未到达的处于未到达态（Unarrived），进程创建成功处于就绪态（Ready），进程运行结束置为完成态（Finished）。

3. 常见的进程调度算法

（1）先来先服务调度算法（Fisrt Come First Serve，FCFS）。
（2）优先级调度算法（Priority）。
（3）时间片轮转调度算法（Round Robin，RR）。

4. 先来先服务调度算法

（1）设置一个队首指针 creat_head，用来指出最先进入系统的进程。
（2）进程调度时，总是选择队首指针所指进程投入运行。由于本实验中的程序是模拟程序，所选进程并不实际运行，只是执行"估计运行时间减 1"。

5. 平均周转时间

通常我们用平均周转时间（$\bar{T}$）来衡量进程调度算法的性能。平均周转时间的计算公式如下：

$$\bar{T} = \frac{1}{n}\sum_{i=1}^{n}T_i，（其中，T_i = T_{i完成} - T_{i提交}）$$

模拟程序

以下程序是操作系统 CPU 管理中时间片轮转进程调度算法的模拟程序 roundrobin.c：

```c
#include<unistd.h>
#include<stdlib.h>
#define TIMESLICE 2
#define STATE_R 1
#define STATE_U 0
#define STATE_F -1
int current=0,total_time=0,num;
struct PCB
{
        int pid;
        int runtime;
        int arrivetime;
        int state;
        int t_time;
        struct PCB *next;
};
void inputprocess(struct PCB *process_head);
void switchprocess(struct PCB *process_head,struct PCB *ready_head);
int readyprocess(struct PCB *process_head,struct PCB *ready_head);
void runprocess(struct PCB *ready_head);
main()
{
```

```c
        float ave_time;
        struct PCB *process_head=NULL,*ready_head=NULL;
        process_head=(struct PCB*)malloc(sizeof(struct PCB));
        process_head->next=NULL;
        ready_head=(struct PCB*)malloc(sizeof(struct PCB));
        ready_head->next=NULL;
        inputprocess(process_head);
        switchprocess(process_head,ready_head);
        ave_time=total_time*1.0/num;
        printf("average turnaround time is:%.2f\n",ave_time);
    }
    void inputprocess(struct PCB *process_head)
    {
        struct PCB *p,*q;
        int i;
        printf("How many processes do you want to run:");
        scanf("%d",&num);
        q=process_head;
        for(i=0;i<num;i++)
        {
            p=(struct PCB*)malloc(sizeof(struct PCB));
            p->pid=i+1;
            printf("runtime:");
            scanf("%d",&(p->runtime));
            printf("arrivetime:");
            scanf("%d",&(p->arrivetime));
            if(p->arrivetime<=current)
            p->state=STATE_R;
            else
            p->state=STATE_U;
            p->t_time=0;
            p->next=NULL;
            q->next=p;
                q=q->next;
        }
        q=process_head->next;
        printf("PID\truntime\tarrivetime\tstate\tt_time\n");
        while(q)
        {
                printf("%d\t%d\t%8d\t%d\t%d\n",q->pid,q->runtime,
q->arrivetime,q->state,q->t_time);
                q=q->next;
        }
    }
    void switchprocess(struct PCB *process_head,struct PCB *ready_head)
    {
```

```
        int ready;
        while(1)
        {
                ready=readyprocess(process_head,ready_head);
                if(ready==0)
                {
                        printf("All processes finished!\n");
                        break;
                }
                else
                        runprocess(ready_head);
        }
}
int readyprocess(struct PCB *process_head,struct PCB *ready_head)
{
    struct PCB *p1,*p2,*p3;
    if(process_head->next==NULL)
    {
       if(ready_head->next==NULL)
       return 0;
       else
       return 1;
        }
    p1=ready_head;
    while(p1->next!=NULL)
            p1=p1->next;
    p2=process_head;
    p3=p2->next;
    while(p3!=NULL)
        {
                if(p3->arrivetime<=current || p3->state==STATE_R)
                {
                        p3->state==STATE_R;
                        p2->next=p3->next;
                        p3->next=p1->next;
                        p1->next=p3;
                        p1=p3;
                        p3=p2->next;
                }
                else
                {
                        p2=p3;
                        p3=p3->next;
                }
        }
        return 1;
```

```c
}
void runprocess(struct PCB *ready_head)
{
    struct PCB *p1,*p2;
    if(ready_head->next==NULL)
        current+=TIMESLICE;
    else
    {
        p2=ready_head;
        p1=p2->next;
        while(p1!=NULL)
        {
            p1->runtime-=TIMESLICE;
            current+=TIMESLICE;
            if(p1->runtime<-0)
            {
                p1->state=STATE_F;
                p1->t_time=current-p1->arrivetime;
                printf("PID:%d\t Turnaround_Time:%d\n",p1->pid,p1->t_time);
                total_time+=p1->t_time;
                p2->next=p1->next;
                free(p1);
                p1=p2->next;
            }
            else
            {
                p2=p1;
                p1=p1->next;
            }
        }
    }
}
```

程序运行结果：

```
[root@BC root]# ./roundrobin.exe
How many processes do you want to run:5
runtime:2
arrivetime:0
runtime:4
arrivetime:0
runtime:6
arrivetime:0
runtime:8
arrivetime:0
runtime:10
arrivetime:0
```

```
PID     runtime arrivetime      state   t_time
1       2       0               1       0
2       4       0               1       0
3       6       0               1       0
4       8       0               1       0
5       10      0               1       0
PID:1   Turnaround_Time:2
PID:2   Turnaround_Time:12
PID:3   Turnaround_Time:20
PID:4   Turnaround_Time:26
PID:5   Turnaround_Time:30
All processes finished!
average turnaround time is:18.00
```

实验内容

分析【模拟程序】中时间片轮转进程调度算法模拟程序 roundrobin.c，加深理解操作系统进程调度管理的方法。

1. 程序中的变量和数据结构分析（见表2-7）

表2-7 程序中的变量和数据结构分析

所在函数	变量和数据结构		含义
标识符常量	TIMESLICE	2	
	STATE_R	1	
	STATE_C	0	
	STATE_F	-1	
全局变量	current		
	total_time		
	num		
	struct PCB	int pid	
		int runtime	
		int arrivetime	
		int state	
		int t_time	
		struct PCB *next	
main()	float ave_time		
	struct PCB *process_head		
	struct PCB *ready_head		
inputprocess()	struct PCB *p		
	struct PCB *q		

续 表

所在函数	变量和数据结构	含义
readyprocess ()	struct PCB *p1	
	struct PCB *p2	
	struct PCB *p3	
runprocess()	struct PCB *p1	
	struct PCB *p2	

2．程序中的函数分析（见表2-8）

表2-8　程序中的函数分析

函数	函数功能	参数及其含义	返回值含义
inputprocess()			
switchprocess()			
readyprocess()			
runprocess()			

3．程序中的链表分析（见表2-9）

表2-9　程序中的链表分析

链表头指针	带不带头节点	链表类型（简单、双向、循环）
process_head		
ready_head		

4．inputprocess()函数分析

根据模拟程序 roundrobin.c，通过 inputprocess() 函数创建了_____链表，链表节点代表_____，分为___个状态，分别为_____，表示_____。

5．readyprocess()函数分析

（1）分析 readyprocess() 函数，看看在不同情况下，操作系统如何处理 process 链表和 ready 链表（见表 2-10）

表2-10　readyprocess函数分析

process 链表	ready 链表	执行操作
为空	为空	
	不为空	
不为空		

（2）readyprocess() 函数调用结束后，process 链表包含的节点为_____，ready 链表包含的节点为_____。

(3)请画出进程 PCB 从 process 队列转移到 ready 队列的操作示意图（指明指针）

6. runprocess()函数分析

（1）分析 runprocess() 函数，看看在不同情况下，操作系统如何处理 ready 链表（见表 2-11）。

表2-11 runprocess函数分析

ready 链表	执行操作		
为空			
不为空		p1->runtime<=0	
		p1->Runtime>0	

（2）什么时候计算进程的调度时间 t_time？如何计算？

（3）请画出进程 PCB 从 ready 队列移除的操作示意图（指明指针）。

7. switchprocess()函数分析

分析 switchprocess() 函数，看看程序什么时候结束调度。

8. 绘制程序流程图

根据前面的分析结果，绘制 main()、inputprocess()、switchprocess()、readyprocess()、runprocess() 函数的程序流程图。

9. 程序运行

（1）假定现在有 5 个进程 A、B、C、D、E 同时到达计算中心，每个进程的估计运行时间分别为 2、4、6、8、10，设置轮转时间片大小为 2，请使用时间轴的方法用时间片轮转调度算法计算作业的平均周转时间。

（2）对计算结果和程序运行结果进行验证，看看结果是否正确。

（3）将轮转时间片大小改为 1，看看现在的平均周转时间是多少。

10. 程序设计

（1）如果使用先来先服务调度算法（FCFS）和优先级调度算法（Priority）来进行进程调度，还需要了解进程的什么信息？如何修改进程的 PCB？

（2）参考【模拟程序】中的时间片轮转调度算法（RR），设计程序实现先来先服务调度算法（FCFS）和优先级调度算法（Priority）。

实验思考

1. CPU 调度的主要任务和目标是什么？时间片轮转调度算法主要考虑哪个目标？
2. CPU 调度分为哪两级？在哪一级上实施对 CPU 的分配？
3. 作业有哪些状态？进程有哪些状态？CPU 有哪些状态？
4. "作业处于执行态时表示该作业占用了 CPU"这种说法对吗？为什么？

5. 在使用时间片轮转调度算法的分时系统中是不是时间片越小越好？
6. Linux 的进程调度算法是什么？进程调度程序是哪一个？
7. Linux 设置静态优先数的目的是什么？如何设置？
8. Linux 动态计算优先数的目的是什么？如何计算？

实验 13 动态分区管理算法

 实验目的

（1）了解操作系统的动态分区存储管理过程和方法。
（2）掌握动态分区存储管理的主要数据结构——空闲区表。
（3）加深理解动态分区存储管理中内存的分配和回收。
（4）掌握空闲区表中空闲区 3 种不同的放置策略的基本思想和实现过程。
（5）通过模拟程序实现动态分区存储管理。
（6）加深理解不同放置策略导致不同的内存分配效果。

 相关知识

1. 分区存储管理

分区存储管理的基本原则是操作系统为每个作业分配一块满足大小要求的连续存储区，以连续存放作业的程序和数据。按照分区时机可以分为固定分区和动态分区两种方法。

固定分区法是将内存划分为若干大小不等的区域，区域大小的划分由系统操作员或操作系统决定，分区一旦划分，则整个系统运行期间各个分区的大小和系统中总的分区数目就不再改变。

动态分区法中操作系统在作业执行前并不建立分区，而是在处理作业过程中按作业需要动态创建分区。

2. 动态分区中管理空闲区的数据结构

（1）空闲区表

操作系统将所有的内存空闲区集中放到空闲区表中，当有作业请求空闲区时，操作系统在表中依次查找每一个空闲区，直到找到第一个满足作业大小要求的空闲区实施分配。表中保留分配后剩余的空闲区的大小，如果大小相等没有剩余空闲区，则将该表目从空闲区表中删除。

（2）空闲区链

使用指针将所有的空闲区链接起来形成链表，称为空闲区链。分配时在链表中依次查找空间满足大小要求的空闲区实施分配，如果有剩余空闲区则修改空闲区的大小，如果大小相等没有剩余空闲区则将该节点从链表中摘除并回收。

3．空闲区的切割方式

- 低地址切割：剩余空闲区的首地址和大小均改变。
- 高地址切割：剩余空闲区的首地址不变，大小改变。

4．回收分区时空闲区邻接情况

操作系统在回收内存时，为了避免碎片，往往采取相邻空闲区合并的算法，以保证相邻的空闲区是一个整体。回收内存可能出现的邻接情况有 4 种（见图 2-13）：

（1）有上邻无下邻。回收分区与上邻合并，上邻空闲区首地址不变，上邻空闲区大小改为 f1+f。

（2）无上邻有下邻。回收分区与下邻合并，下邻空闲区首地址改为 f，下邻空闲区大小改为 f+f2。

（3）有上、下邻。回收分区与上、下邻合并，上邻空闲区首地址不变，上邻空闲区大小改为 f1+f+f2，在空闲区表中删除下邻空闲区表目。

（4）无上、下邻。在空闲区表中增加一个新的空闲区表目。

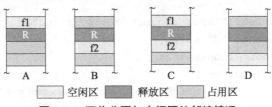

图2-13　回收分区与空闲区的邻接情况

5．空闲区表的放置策略

（1）首次适应算法：空闲区按照物理地址由低到高的顺序排列。
（2）最佳适应算法：空闲区按照空间大小由小到大的顺序排列。
（3）最坏适应算法：空闲区按照空间大小由大到小的顺序排列。

6．本次实验中使用的空闲区结构的组成

本次实验中使用的空闲区结构由空闲区首地址、空闲区大小、空闲区状态组成。

模拟程序

以下程序是操作系统动态分区存储管理的模拟程序 partition.c，该程序实现了动态分区管理中内存的分配和回收及空闲区表的管理：

```
#include<unistd.h>
#define N 5
```

```c
struct freearea
{
        int startaddr;
        int size;
        int state;
}freeblock[N]={{20,20,1},{80,50,1},{150,100,1},{300,30,0},{600,100,1}};
int alloc(int);
void setfree(int,int);
void adjust();
void print();
main()
{
        int size,addr;
        char c1,c2;

        printf("At first the free memory is this:\n");
        adjust();
        print();
        printf("Is there any job request memory?(y or n):");
        while((c1=getchar())=='y')
        {
                printf("Input request memory size:");
                scanf("%d",&size);
                addr=alloc(size);
                if(addr==-1)
                        printf("There is no fit memory.Please wait!!!\n");
                else
                {
                        printf("Job's memory start address is:%d\n",addr);
                        printf("Job size is:%d\n",size);
                        printf("After allocation the free memory is this:\n");
                        adjust();
                        print();
                        printf("Job is running.\n");
                }
                getchar();
                printf("Is there any memory for free ?(y or n):");
                while((c2=getchar())=='y')
                {
                        printf("Input free area startaddress:");
                        scanf("%d",&addr);
                        printf("Input free area size:");
                        scanf("%d",&size);
                        setfree(addr,size);
                        adjust();
                        print();
```

```
                    getchar();
                    printf("Is there any memory for free ?(y or n):");
            }
            getchar();
            printf("Is there any job request memory?(y or n):");
      }
}
int alloc(int size)
{
        int i,tag=0,allocaddr;
        for(i=0;i<N;i++)
        {
                if(freeblock[i].state==1 && freeblock[i].size>size)
                {
                        allocaddr=freeblock[i].startaddr;
                        freeblock[i].startaddr+=size;
                        freeblock[i].size-=size;
                        tag=1;
                        break;
                }
                else if(freeblock[i].state==1 && freeblock[i].size==size)
                {
                        allocaddr=freeblock[i].startaddr;
                        freeblock[i].state=0;
                        tag=1;
                        break;
                }
        }
        if(tag==0)
                allocaddr=-1;
        return allocaddr;
}
void setfree(int addr,int size)
{
        int i,tag1=0,tag2=0,n1=0,n2=0;
        for(i=0;i<N;i++)
        {
                if(freeblock[i].startaddr+freeblock[i].size==addr && freeblock[i].state==1)
                {
                        tag1=1;
                        n1=i;
                        break;
                }
        }
        for(i=0;i<N;i++)
```

```
                {
                        if(freeblock[i].startaddr==addr+size && freeblock[i].state==1)
                        {
                                tag2=1;
                                n2=i;
                                break;
                        }
                }
        if(tag1==1 && tag2==0)
        {
                freeblock[n1].size+=size;
        }
        else if(tag1==1 && tag2==1)
        {
                freeblock[n1].size+=freeblock[n2].size+size;
                freeblock[n2].state=0;
        }
        else if(tag1==0 && tag2==1)
        {
                freeblock[n2].startaddr=addr;
                freeblock[n2].size+=size;
        }
        else
        {
                for(i=0;i<N;i++)
                {
                        if(freeblock[i].state==0)
                        {
                                freeblock[i].startaddr=addr;
                                freeblock[i].size=size;
                                freeblock[i].state=1;
                                break;
                        }
                }
        }
}
void adjust()
{
        int i,j;
        struct freearea temp;
        for(i=1;i<N;i++)
        {
                for(j=0;j<N-i;j++)
                {
                        if(freeblock[j].startaddr>freeblock[j+1].startaddr)
                        {
```

```
                                    temp=freeblock[j];
                                    freeblock[j]=freeblock[j+1];
                                    freeblock[j+1]=temp;
                            }
                    }
            }
            for(i=1;i<N;i++)
            {
                    for(j=0;j<N-i;j++)
                    {
                            if(freeblock[j].state==0&&freeblock[j+1].state==1)
                            {
                                    temp=freeblock[j];
                                    freeblock[j]=freeblock[j+1];
                                    freeblock[j+1]=temp;
                            }
                    }
            }
    }
    void print()
    {
            int i;
            printf("\t|------------------------------------|\n");
            printf("\t|  startaddr     size        state   |\n");
            for(i=0; i<N; i++)
                    printf("\t|    %4d        %4d        %4d    |\n",
    freeblock[i].startaddr,freeblock[i].size,freeblock[i].state);
    }
```

程序运行结果如下：

```
[root@BC root]# ./partition.exe
At first the free memory is this:
        |------------------------------------|
        |  startaddr     size        state   |
        |     20          20           1     |
        |     80          50           1     |
        |    150         100           1     |
        |    600         100           1     |
        |    300          30           0     |
Is there any job request memory?(y or n):y
Input request memory size:50
Job's memory start address is:80
Job size is:50
```

After allocation the free memory is this:
```
        |----------------------------------|
        |   startaddr     size      state  |
        |      20          20         1    |
        |     150         100         1    |
        |     600         100         1    |
        |      80          50         0    |
        |     300          30         0    |
```
Job is running.
Is there any memory for free ?(y or n):y
Input free area startaddress:250
Input free area size:200
```
        |----------------------------------|
        |   startaddr     size      state  |
        |      20          20         1    |
        |     150         300         1    |
        |     600         100         1    |
        |      80          50         0    |
        |     300          30         0    |
```
Is there any memory for free ?(y or n):y
Input free area startaddress:450
Input free area size:150
```
        |----------------------------------|
        |   startaddr     size      state  |
        |      20          20         1    |
        |     150         550         1    |
        |      80          50         0    |
        |     300          30         0    |
        |     600         100         0    |
```
Is there any memory for free ?(y or n):n
Is there any job request memory?(y or n):y
Input request memory size:200
Job's memory start address is:150
Job size is:200
After allocation the free memory is this:
```
        |----------------------------------|
        |   startaddr     size      state  |
        |      20          20         1    |
        |     350         350         1    |
        |      80          50         0    |
        |     300          30         0    |
        |     600         100         0    |
```
Job is running.
Is there any memory for free ?(y or n):y
Input free area startaddress:80

```
Input free area size:50
        |---------------------------------|
        |  startaddr    size      state   |
        |     20         20         1     |
        |     80         50         1     |
        |    350        350         1     |
        |    300         30         0     |
        |    600        100         0     |
Is there any memory for free ?(y or n):y
Input free area startaddress:150
Input free area size:200
        |---------------------------------|
        |  startaddr    size      state   |
        |     20         20         1     |
        |     80         50         1     |
        |    150        550         1     |
        |    300         30         0     |
        |    600        100         0     |
Is there any memory for free ?(y or n):n
Is there any job request memory?(y or n):y
Input request memory size:600
There is no fit memory.Please wait!!!
Is there any memory for free ?(y or n):n
Is there any job request memory?(y or n):n
```

实验内容

分析【模拟程序】中动态分区存储管理模拟程序 partition.c，加深理解操作系统动态分区存储管理的方法。

1. 程序中的变量和数据结构分析（见表2-12）

表2-12 程序中的变量和数据结构分析

所在函数	变量和数据结构		含义	
全局变量	struct freearea		int startaddr	
			int size	
			int state	
	struct freearea freeblock[n]			
main()	int startaddr			
	int size			
	int addr			
alloc	int size			
	int allocaddr		>0	
			==-1	
	int tag		==1	
			==0	

续 表

所在函数	变量和数据结构	含义	
setfree()	int addr		
	int size		
	int tag1	==1	
		==0	
	int tag2	==1	
		==0	
	int n1		
	int n2		

2．程序中的函数分析（见表2-13）

表2-13 程序中的函数分析

函数	函数功能	参数及其含义	返回值含义
alloc()			
setfree()			
adjust()			
print()			

3．alloc()函数分析

（1）分析 alloc() 函数，看看在不同情况下，操作系统是如何实现内存分配的（见表 2-14）。

表2-14 alloc()函数分析

请求内存与某空闲区内存大小关系	空闲区首地址变化	空闲区大小变化	空闲区状态变化	分配内存空间首地址
<				
=				
>				

（2）操作系统在分配内存时，如果请求内存空间小于空闲区内存空间，需要进行空闲区的切割。切割的方式有低地址切割和高地址切割两种，在 alloc() 函数中采用了哪种切割方式？

（3）对 alloc() 函数进行修改，将空闲区内存空间的切割方式改为高/低地址切割方式。

4．free()函数分析

分析 free() 函数，看看在不同情况下，操作系统是如何实现内存回收的。回收分区首地址为 addr，大小为 size，上邻空闲区为 freeblock[n1]，下邻空闲区为 freeblock[n2]（见表 2-15）。

表2-15 free()函数分析

tag1	tag2	回收分区的 上下邻情况	空闲区首地址变化	空闲区大小变化	空闲区状态变化
1	0				
0	1				
1	1				
0	0				

5．adjust()函数分析

操作系统在使用动态分区存储管理算法分配内存空间时，总是从空闲区表中寻找第一个满足 size 的空闲区进行内存分配的。因此，空闲区表中空闲区的不同排列方式导致了不同的分配效果。常见的空闲区排列方式有首次适应算法、最佳适应算法、最坏适应算法。分析 adjust() 函数，回答以下问题：

（1）在 adjust() 函数中，空闲区是按照什么顺序排列的？

（2）为了实现空闲区的按序排列，adjust() 函数采用了哪种排序算法？

（3）针对 state 不同的空闲区，adjust() 函数如何处理？为什么？

（4）对 adjust() 函数进行修改，将空闲区的排列方式改为首次/最佳适应算法。

6．绘制程序流程图

根据前面的分析结果，绘制 main()、alloc()、setfree()、adjust() 函数的程序流程图。

7．程序运行

（1）假设内存空间大小为 1024KB，根据程序给出的初始空闲区表信息，画出内存的初始状态示意图。

（2）在此基础上，系统依次执行了以下操作，画出内存空间的变化情况。

①作业 1 向系统申请 50KB。

②系统释放作业 2，首地址 250KB，大小 200KB。

③系统释放作业 3，首地址 450KB，大小 150KB。

④作业 4 向系统申请 200KB。

⑤系统释放作业 1（首地址 80KB，大小 50KB）。

⑥系统释放作业 4（首地址 150KB，大小 200KB）。

⑦作业 5 向系统申请 600KB。

（3）本题中共执行了 3 次申请内存操作，每次操作申请的内存大小与空闲区的大小情况如何？

（4）本题中共执行了 4 次释放内存操作，每次操作的释放区与空闲区的邻接情况如何？

（5）对分析结果与程序的运行结果进行验证，看看是否符合程序的运行结果。

实验思考

1．分区管理是一种"主存适应作业"还是"作业适应主存"的管理方式？
2．什么是"碎片"？动态分区存储管理是如何解决"碎片"问题的？
3．在动态分区管理中，如果有一个作业请求的内存空间大小和某一个空闲区大小相等，如何才能使得作业恰好得到该空闲区？
4．动态分区管理中如果作业申请不到内存，该如何处理？
5．修改程序 partition.c，增加空闲区"紧凑"功能，即当一个新作业要求装入内存时，查空闲区表，找不到能满足需要的空闲区，但全部空闲区大小的总和能满足需求。修改空闲区表，把分散的小空闲区归并成一个大空闲区，再进行分配。

实验 14

分页管理页面置换算法

实验目的

（1）了解请求分页虚拟存储管理技术的方法和特点。
（2）掌握请求分页存储管理的主要数据结构——页表、页框。
（3）掌握请求分页存储管理中基本页面置换算法的基本思想和实现过程。
（4）通过模拟程序实现请求分页存储管理的基本页面置换算法。
（5）掌握页面置换算法中缺页中断率的计算方法。
（6）比较基本页面置换算法的效率。

相关知识

1. 本次实验中用到的数据结构

（1）页表（Page Table）：操作系统进行分页内存管理的数据结构，指明每一个进程虚拟页与内存物理块之间的对应关系，每一个进程都拥有一个自己的页表。

（2）页框（Page Frame）：操作系统为每个进程分配的内存页面数 M，称为页框、页帧数或驻留集。

2. 页面置换

在请求分页内存管理中，每个进程仅加载部分页进入内存，因此，系统需要查询页表才能得知某页是否在内存中。当进程所需页面不在内存中时要产生缺页中断信号，CPU 接收到缺页中断信号，中断处理程序先保存现场，转入缺页中断处理程序。该程序通过查找页表，得到该页所在外存的物理块号。如果此时内存未满，能容纳新页，则启动磁盘 I/O 将所缺之页调入内存；如果内存已满，则须按某种置换算法从内存中选出一页准备换出，将所缺的页调入内存覆盖该页。这就是请求分页管理中的页面置换，也称为页面淘汰。

3. 本次实验中涉及的页面置换算法

（1）先进先出页面置换算法（Fisrt In First Out）。

（2）最近最久未使用页面置换算法（Least Recently Used）。

4．缺页中断率的计算

缺页中断率的计算公式为：
缺页中断率＝页面失效次数÷页面访问总次数×100%

5．本次实验中指令序列的生成

（1）通过随机函数 rand() 产生一个指令执行序列，其中指令总数为 TOTAL_S，指令序列号为 0~TOTAL_S-1，指令执行总次数为 TOTAL_E。指令按下述原则执行：
① 50% 的指令是按顺序执行的。
② 25% 的指令是均匀分布在前地址部分的。
③ 25% 的指令是均匀分布在后地址部分的。
（2）具体实现方法：
①在 [0,TOTAL_S) 的指令地址之间随机选取指令执行起点 m1。
②顺序执行下一条指令，即执行地址为 m1+1 的指令。
③在前地址 [0,m1) 中随机选取一条指令并执行，该指令的地址为 m2。
④顺序执行下一条指令，即执行地址为 m2+1 的指令。
⑤在后地址 [m2，TOTAL_S-1) 中随机选取一条指令并执行，该指令的地址为 m3。
⑥顺序执行下一条指令，即执行地址为 m3+1 的指令。
⑦重复步骤①~⑥，直到 TOTAL_E 次执行为止。

6．本次实验中页面访问序列的生成

按照指令的执行序列将随机生成的指令依次转化为需要访问的虚拟页序列，其中指令总数为 TOTAL_S，指令序列号为 0~TOTAL_S-1，程序虚拟页大小为 P_SIZE，即每一页虚拟页能够存放的指令数为 P_SIZE，因此，用户指令组成的虚拟页面总数＝指令总数÷页面大小，即（TOTAL_S/P_SIZE）页，对应页号 0~TOTAL_S/P_SIZE-1。具体如下所示：

第 0 条 ~ 第 P_SIZE-1 条指令对应第 0 页；
第 P_SIZE 条 ~ 第 2*P_SIZE-1 条指令对应第 1 页；
……
第 TOTAL_S-P_SIZE 条 ~ 第 TOTAL_S-1 条指令对应第（总页数-1）页。

模拟程序

以下程序是操作系统请求分页存储管理的常用页面置换算法模拟程序 paging.c：

```
#include<stdio.h>
#include<stdlib.h>
#define INVALID -1
#define TOTAL_S 12
#define TOTAL_E 30
```

```c
#define P_SIZE 3
#define PF_SIZE 3
struct exec_type
{
    int sn;
    int pn;
}exec[TOTAL_E];
struct pt_type
{
    int pn;
    int pfn;
    int age;
}pt[TOTAL_S/P_SIZE];
struct pf_type
{
    int pfn;
    int pn;
    struct pf_type *next;
};
struct pf_type *pf_head=NULL,*freepf_head=NULL,*busypf_head=NULL,
*busypf_tail=NULL;
void initialize_e();
void initialize_pt();
void initialize_pf();
void free_pf();
void FIFO();
void LRU();
main( )
{
        initialize_e();
        printf("\nThe page frame size is %d\n",PF_SIZE);
        FIFO();
        LRU();
        free_pf();
}
void initialize_e()
{
        int m1,m2,m3,i;
        srand(time(NULL));
        for(i=0;i<TOTAL_E;i+=6)
        {
                m1=(int)(rand( )*1.0/RAND_MAX*(TOTAL_S-1));
                exec[i].sn=m1;
                exec[i+1].sn=m1+1;
                m2=(int)(rand( )*1.0/RAND_MAX*m1);
                exec[i+2].sn=m2;
```

```c
                exec[i+3].sn=m2+1;
                m3=(int)(rand( )*1.0/RAND_MAX*(TOTAL_S-m2-3)+(m2+2));
                exec[i+4].sn=m3;
                exec[i+5].sn=m3+1;
        }
        printf("The num of instructions is:%d\n",TOTAL_S);
        printf("The num of exections is:%d\n",TOTAL_E);
        printf("Instructions are followed by:\n");
        for (i=0;i<TOTAL_E;i++)
        {
                printf("%4d",exec[i].sn);
                if((i+1)%10==0)
                    printf("\n");
        }
        printf("\nThe page size is:%d\n",P_SIZE);
        printf("The num of pages is:%d\n",TOTAL_S/P_SIZE);
        printf("Pages are followed by:\n");
        for (i=0;i<TOTAL_E;i++)
        {
                exec[i].pn=exec[i].sn/P_SIZE;
                printf("%4d",exec[i].pn);
                if((i+1)%10==0)
                    printf("\n");
        }
}
void initialize_pt()
{
        int i;
        for (i=0;i<TOTAL_S/P_SIZE;i++)
        {
                pt[i].pn=i;
                pt[i].pfn=INVALID;
                pt[i].age=INVALID;
        }
}
void initialize_pf()
{
        int i;
        struct pf_type *p;

        for (i=0;i<PF_SIZE;i++)
        {
                p=(struct pf_type*)malloc(sizeof(struct pf_type));
                p->pfn=i;
                p->pn=INVALID;
                p->next=pf_head;
```

```
                    pf_head=p;
            }
            freepf_head=pf_head;
            busypf_head=busypf_tail=NULL;
}
void free_pf()
{
            struct pf_type *p;
            while(pf_head)
            {
                    p=pf_head;
                    pf_head=pf_head->next;
                    free(p);
            }
}
void FIFO()
{
            int i,j,diseffect=0;
            struct pf_type *p;
            initialize_pt();
            initialize_pf();

            for(i=0;i<TOTAL_E;i++)
            {
                    if(pt[exec[i].pn].pfn==INVALID)
                    {
                            diseffect++;
                            if(freepf_head==NULL)
                            {
                                    p=busypf_head;
                                    busypf_head=busypf_head->next;
                                    p->next=NULL;
                                    freepf_head=p;
                                    pt[p->pn].pfn=INVALID;
                            }
                            p=freepf_head;
                            freepf_head=freepf_head->next;
                            p->next=NULL;
                            p->pn=exec[i].pn;
                            pt[exec[i].pn].pfn=p->pfn;

                            if(busypf_tail==NULL)
                                    busypf_head=busypf_tail=p;
                            else
                            {
                                    busypf_tail->next=p;
```

```
                            busypf_tail=p;
                        }
                }
        }
        free_pf();
        printf("FIFO:\tdiseffect:%d\tTOTAL_E:%d\tPage break:%.2f%%\n",
diseffect,TOTAL_E,diseffect*100.0/TOTAL_E);
}
void LRU()
{
        int i,j,present_age=0,diseffect=0;
        struct pf_type *p,*q,*pmin,*qmin=NULL;
        initialize_pt();
        initialize_pf();

        for(i=0;i<TOTAL_E;i++)
        {
                if(pt[exec[i].pn].pfn==INVALID)
                {
                        diseffect++;
                        if(freepf_head==NULL)
                        {
                                q=pmin=busypf_head;
                                p=q->next;
                                while(p)
                                {
                                        if(pt[p->pn].age<pt[pmin->pn].age)
                                        {
                                                pmin=p;
                                                qmin=q;
                                        }
                                        p=p->next;
                                        q=q->next;
                                }
                                if(pmin==busypf_head)
                                {
                                        busypf_head=busypf_head->next;
                                }
                                else
                                {
                                        qmin->next=pmin->next;
                                }
                                freepf_head=pmin;
                                freepf_head->next=NULL;
```

```
                        pt[pmin->pn].pfn=INVALID;
                        pt[pmin->pn].age=-1;
                }
                p=freepf_head;
                freepf_head=freepf_head->next;
                p->next=busypf_head;
                busypf_head=p;
                p->pn=exec[i].pn;
                pt[exec[i].pn].pfn=p->pfn;
                pt[exec[i].pn].age=present_age;

        }
        else
                pt[exec[i].pn].age=present_age;
        present_age++;
    }
    free_pf();
    printf("LRU:\tdiseffect:%d\tTOTAL_E:%d\tPage break:%.2f%%\n",
diseffect,TOTAL_E,diseffect*100.0/TOTAL_E);
}
```

程序运行结果如下:

```
The num of instructions is:12
The num of exections is:30
Instructions are followed by:
    8    9    5    6    9   10    2    3    0    1
    3    4    6    7    1    2    4    5    1    2
    0    1    8    9    8    9    5    6    7    8

The page size is:3
The num of pages is:4
Pages are followed by:
    2    3    1    2    3    3    0    1    0    0
    1    1    2    2    0    0    1    1    0    0
    0    0    2    3    2    3    1    2    2    2

The page frame size is 3
FIFO:    diseffect:7       TOTAL_E:30       Page break:23.33%
LRU:     diseffect:8       TOTAL_E:30       Page break:26.67%
```

实验内容

分析【模拟程序】中分页存储管理页面置换算法模拟程序 paging.c,加深理解操作系统分页存储管理的方法。

1. 程序中的变量和数据结构分析（见表2-16）

表2-16 程序中的变量和数据结构分析

所在函数	变量和数据结构	含义		
标识符常量	TOTAL_S	12		
	TOTAL_E	30		
	P_SIZE	3		
	PF_SIZE	3		
	INVALID	-1		
全局变量	struct exec_type		int sn	
			int pn	
	struct exec_type exec[TOTAL_E]			
	struct pt_type		int pn	
			int pfn	
			int age	
	struct pt_type pt[TOTAL_S/P_SIZE]			
	struct pf_type		int pfn	
			int pn	
			struct pf_type *next	
	struct pf_type *pf_head			
	struct pf_type *freepf_head			
	struct pf_type *busypf_head			
	struct pf_type *busypf_tail			
initialize_e()	int m1			
	int m2			
	int m3			
FIFO()	int diseffect			
LRU()	int present_age			
	int diseffect			
	struct pf_type *p			
	struct pf_type *q			
	struct pf_type *pmin			
	struct pf_type *qmin			

2. 程序中的函数分析（见表2-17）

表2-17 程序中的函数分析

函数	函数功能	参数及其含义	返回值含义
initialize_e()			
initialize_pt()			
initialize_pf			

续 表

函数	函数功能	参数及其含义	返回值含义
free_pf()			
FIFO()			
LRU()			

3．程序中的链表分析（见表2-18）

表2-18　程序中的链表分析

链表头指针	带不带头结点	链表类型（简单、双向、循环）
pf_head		
freepf_head		
busypf_head		

4．initialize_e()函数分析

（1）根据模拟程序 paging.c，程序中随机产生的指令共＿＿＿条，指令序列号为＿＿＿，这些指令将被执行＿＿＿次。

（2）在 initialize_e() 函数中，这些指令具体的执行序列按照【相关知识】"本次实验中指令序列的生成"中提到的方法生成，其中涉及三个随机执行点 m1，m2，m3。分析 m1，m2，m3，如表 2-19 所示。

表2-19　分析随机执行点

随机执行点	计算公式	产生的指令序列号范围
m1		
m2		
m3		

（3）根据【模拟程序】中的程序运行结果，指出这些指令具体的执行序列。

（4）程序中定义的虚拟页的长度为＿＿＿，即每一页可以存放＿＿＿条指令,指令共＿＿＿条,因此，该程序共有虚拟页＿＿＿页，页号依次为＿＿＿＿＿＿＿。

（5）不同的指令对应放入不同的虚拟页中，给出上述指令序列与虚拟页的对应关系。

（6）根据【模拟程序】中的程序运行结果，指出在 initialize_e() 函数中将指令执行序列转化为页面访问序列的结果。

5．initialize_pt()函数分析

（1）程序中定义的页表长度为＿＿＿，该结构包含＿＿＿个字段，分别为＿＿＿＿＿＿＿。

（2）给出程序中页表的初始状态示意图。

6．initialize_pf()函数分析

（1）程序中定义的页框长度为＿＿＿，该结构包含＿＿＿个字段，分别为＿＿＿＿＿＿＿，使用了

___个指针，分别为_____，构成了___个队列，分别为_____。

（2）给出程序中页框的初始状态示意图（注明指针）。

7. FIFO()函数分析

（1）先进先出页面淘汰算法（FIFO）每次淘汰最早进入内存的页面，在FIFO()函数中使用了3个队列，分别为pf队列、freepf队列、busy队列，如表2-20所示。

表2-20　FIFO()函数分析

队列	使用指针	构成队列的页面	队列按照什么顺序组织
pf队列			
freepf队列			
busypf队列			

（2）在不同情况下，FIFO()函数中如何处理一次页面访问？具体如表2-21所示。

表2-21　FIFO()函数处理页面访问分析

访问页面所在位置	页面在内存中	页面不在内存中		
判断条件				
执行操作		空闲页面队列是否为空	空闲页面队列不为空	空闲页面队列为空
		判断条件		
		空闲页面队列操作		
		忙页面队列操作		
		页表操作		

8. LRU()函数分析

（1）最久未使用页面淘汰算法（LRU）每次淘汰未被访问时间最长的页面，在LRU()函数中利用页表结构中的____字段来记录该页面上次被访问的时间，其值最____（大或小）表示该页面未被访问的时间最久，是需要被淘汰的页面。

（2）在不同情况下，LRU()函数中如何处理一次页面访问？具体如表2-22所示。

表2-22　LRU()函数处理页面访问分析

访问页面所在位置	页面在内存中	页面不在内存中		
判断条件				
执行操作		空闲页面队列是否为空	空闲页面队列不为空	空闲页面队列为空
		判断条件		
		空闲页面队列操作		
		忙页面队列操作		
		页表操作		

9. 绘制程序流程图

根据前面的分析结果，绘制main()、initialize_e()、initialize_pt()、initialize_pf()、FIFO()、

LRU()函数的程序流程图。

10. 程序运行

（1）根据 initialize_e() 中的页面访问序列和 initialize_pf() 中的页框大小，分别用 FIFO 算法和 LRU 算法计算缺页次数和缺页中断率，给出求解过程。

（2）对上题中计算结果和程序运行结果进行验证，看看结果是否正确。

实验思考

1. 分页管理是一种"主存适应作业"还是"作业适应主存"的管理方式？
2. 动态分页是建立在"局部性理论"基础上的，什么是"局部性理论"？
3. 什么是"抖动"？产生"抖动"的原因是什么？
4. 分页管理的主要优点和缺点各是什么？
5. 页表是请求分页管理算法中最重要的数据结构，页表中应至少包含哪两个字段？
6. 修改 paging.c 程序，实现最近最久未使用算法（LRU）、最不经常使用算法（LFU）、最近未使用算法（NUR）页面置换算法，在页表中需要添加什么字段？
7. 什么是"Belay"奇异现象？一般情况下，页框由小变大，缺页中断率如何变化？修改 paging.c 程序，将指令数增加到 120 条，执行 300 次，页面大小设为 10，页框大小从 3 依次递增到 10，看看 FIFO 算法和 LRU 算法在不同的页框大小下缺页中断率的变化。

SPOOLing技术

实验 15

 实验目的

（1）了解操作系统各类外部设备的特性及其分类。
（2）了解虚拟设备技术的基本概念和实现方法。
（3）掌握设备管理 SPOOLing 技术的基本思想和实现过程。
（4）掌握 SPOOLing 技术实现的主要数据结构——输入/输出井、输入输出请求块。
（5）通过模拟程序掌握设备管理的 SPOOLing 技术。
（6）加深理解设备管理中使用 SPOOLing 技术的优点。

 相关知识

1. SPOOLing技术

SPOOLing（Simultaneous Peripheral Operation On-Line）技术，即外部设备联机并行操作，是为实现低速输入/输出设备与高速的主机之间的高效率数据交换而设计的，通常称为假脱机技术，又称为排队转储技术。

SPOOLing 技术在输入/输出之间增加了"输入井"和"输出井"的排队转储环节，以消除用户的"联机"等待时间。

对于输出过程，当有进程要求输出时，操作系统并不是将输出设备直接分配给进程，而是在输出井中为其分配一块存储空间，进程的输出数据先输出到输出井中。各进程的输出数据形成一个输出队列，由操作系统控制输出设备，依次将队列中的输出数据实际输出，具体过程如图 2-14 所示。

2. 与本次实验相关的进程

本次实验共涉及 3 个进程，包括 2 个请求输出的用户进程及 1 个 SPOOLing 输出服务程序。当用户进程需要输出信息时，首先把输出信息送入输出井中，并申请产生一个输出请求块（用来记录请求输出的用户进程名、输出信息在输出井中的位置、要输出信息的长度等），通知和等待 SPOOLing 输出进程进行实际输出。SPOOLing 输出进程工作时，根据输出请求块记录的内容，把输出井中的信息显示或打印出来。

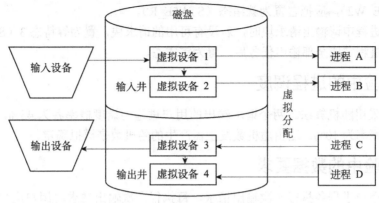

图2-14　SPOOLing技术实现

3．与本次实验相关的进程控制块PCB

为简单起见，本次实验假定 PCB 的内容包括进程号（PID）、进程状态（state）及进程需要输出的数据长度（length），如图 2-15 所示。

图2-15　PCB结构

4．本次实验中使用的进程状态

本次实验假定进程有 3 种状态：就绪态、等待态和完成态。等待态又可分为等待态 1、等待态 2、等待态 3，具体如下。

- 就绪态（STATE_R）：进程正在执行或等待调度。
- 等待态 1（STATE_W1）：输出井满，请求输出的用户进程进入等待态 1。
- 等待态 2（STATE_W2）：输出井空，SPOOLing 输出进程进入等待态 2。
- 等待态 3（STATE_W3）：输出请求块用完，请求输出的用户进程进入等待态 3。
- 完成态：用户进程输出完毕。

5．本次实验中进程状态的变化

（1）3 个进程的初始状态都为就绪态（STATE_R）。

（2）用户进程在将要输出的信息送达输出井时，若输出井已满，用户进程置为等待态 1（STATE_W1）。

（3）SPOOLing 进程将输出井中的信息输出时，若输出井为空，则 SPOOLing 进程置为等待态 2（STATE_W2）。

（4）SPOOLing 进程完成一个输出请求块的信息输出后，应立即释放该请求块所占的输出井空间，并将在等待输出井（STATE_W1）（若存在）的用户进程置为就绪态（STATE_R）。

（5）用户进程将输出信息送入输出井并形成输出请求块后，发现 SPOOLing 进程处于等待态 2（STATE_W2），应把它置为就绪态（STATE_R）。

（6）用户进程申请输出请求块时，若没有可用的请求块，置为等待态 3（STATE_W3）。

（7）用户进程完成全部输出任务后，置为完成态。

6. 本次实验中的进程调度

进程调度采用随机算法。两个请求输出的用户进程的调度概率各为 45%，SPOOLing 输出进程的调度概率为 10%，这由随机数发生器产生的随机数来模拟确定。

7. 本次实验中的数据要求

（1）两个用户进程各执行 5 次输出请求，每执行一次输出请求时用户进程随机输出 0~9 之间的一串数字，直到遇到 0 为止，该次输出结束。

（2）用户进程每 10 个输出数据形成一个输出请求块，填入输出请求块 reqblock 结构中。

（3）两个用户进程对应 2 个输出井，即为 int buffer[2][100]，每个输出井最多可存放 10 个输出请求块的信息，最多存放 100 个数据。

（4）系统共有 10 个输出请求块 reqblock，即为 "struct req reqblock[10];"。

（5）输出请求块 reqblock 和 buffer 均可循环使用。为此，每种数据都有两个指针：一个是使用（放数）指针，一个是释放（取数）指针。

模拟程序

以下程序是操作系统实现虚拟设备的常用 SPOOLing 技术模拟程序 spooling.c：

```
#include<stdio.h>
#include<stdlib.h>
#include<time.h>
#define STATE_R 0
#define STATE_W1 1
#define STATE_W2 2
#define STATE_W3 3
#define P1_T 5
#define P2_T 5
struct pcb
{
        int pid;
        int state;
        int length;
}*PCB[3];
struct req
{
        int reqpid;
        int addr;
```

```c
        int length;
}reqblock[10];
int buffer[2][100]={0};
int head=0,tail=0;
void initialize();
void request(int);
void spooling();
main()
{
        int i,t1=P1_T,t2=P2_T;
        initialize();
        srand((unsigned)time(NULL));
        while(1)
        {
                i=rand()%100;
                if(i<=45)
                {
                        if(PCB[0]->state==STATE_R && t1>0)
                                request(1);
                }
                else if(i<=90)
                {
                        if(PCB[1]->state==STATE_R && t2>0)
                                request(2);
                }
                else
                        spooling();
        }
        for(i=0;i<3;i++)
        {
                free(PCB[i]);
                PCB[i]=NULL;
        }
        return 0;
}
void initialize()
{
        int i;
        struct pcb *p;
        for(i=0;i<3;i++)
        {
                struct pcb *temppcb;
                p=(struct pcb*)malloc(sizeof(struct pcb));
                p->pid=i+1;
                p->state=0;
                p->length=0;
```

```
                        PCB[i]=p;
                }

}
void request(int pid)
{
        int num,length=0,i;
        struct req *run;
        if((tail-head)==10)
        {
                PCB[pid-1]->state=STATE_W3;
                return;
        }
        if(pid==1)
                t1--;
        else
                t2--;
        run=&reqblock[tail%10];
        run->reqpid=i;
        run->length=0;
        if(tail==0)
                run->addr=0;
        else
                run->addr=reqblock[(tail-1)%10].addr+
reqblock[(tail-1)%10]. length;
        for(i=0;i<100;i++)
        {
                if(buffer[pid-1][i]==0)
                {
                        run->addr=i;
                        break;
                }
        }
        printf("process %d want to output:",pid);
        while(1)
        {
                num=rand()%10;
                if(num==0)
                {
                        run->length=length;
                        break;
                }
                buffer[pid-1][run->addr+length]=num;
                printf("%d",num);
                length++;
        }
```

```c
            printf("\n");
            PCB[pid-1]->length+=length;
            length=0;
            if(PCB[2]->state==STATE_W2)
                    PCB[2]->state=STATE_R;
            tail++;
}
void spooling()
{
        int i;
        struct req *run;
        if(t1==0 && t2==0 && head==tail)
        {
                printf("Finished!\n");
                return;
        }
        else if(head==tail)
        {
                PCB[2]->state=STATE_W2;
                return;
        }
        else
        {
                run=&reqblock[head%10];
                printf("Now SPOOLing!\n");
                printf("PID %d:",run->reqpid);
                for(i=0;i<run->length;i++)
                        printf("%d ",buffer[run->reqpid-1][run->addr+i]);
                printf("\n");
                head++;
                for(i=0;i<2;j++)
                {
                        if(PCB[i]->state==STATE_W3)
                                PCB[i]->state=STATE_R;
                }
        }
}
```

实验内容

分析【模拟程序】中 SPOOLing 技术模拟程序 spooling.c，加深理解操作系统设备管理中虚拟设备技术的实现方法。

1. 程序中的变量和数据结构分析（见表2-23）

表2-23 程序中的变量和数据结构分析

所在函数	变量和数据结构	含义		
标识符常量	STATE_R	0		
	STATE_W1	1		
	STATE_W2	2		
	STATE_W3	3		
	P1_T	5		
	P2_T	5		
全局变量	struct pcb		int pid	
			int state	
			int length	
	struct pcb *PCB[3]			
	struct req		int reqpid	
			int addr	
			int length	
	struct req reqblock[10]			
	int buffer[2][100]			
	int head			
	int tail			
main()	int t1			
	int t2			
initialize()	struct pcb *p			
request()	int num			
	int length			
	struct req *run			
spooling()	struct req *run			

2. 程序中的函数分析（见表2-24）

表2-24 程序中的函数分析

函数	函数功能	参数及其含义	返回值含义
initialize()			
request()			
spooling()			

3. initialize()函数分析

分析 initialize() 函数，画出初始化后 PCB 数组的结构示意图。

4. main()函数分析

分析 main() 函数，看看程序中如何实现 3 个进程的随机调度（见表 2-25）。

表2-25　main()函数分析

rand()%100 的取值范围	对应的执行进程	进程的执行条件

5. request()函数分析

（1）系统如何判断是否还有输出请求块 reqblock？
（2）如果没有输出请求块 reqblock，系统应该如何操作？
（3）如果还有输出请求块 reqblock，系统分配哪一块 reqblock？
（4）系统如何判断输出井当前的状态？
（5）如果输出井满，系统应该如何操作？
（6）如果输出井空，怎样才能找到输出井中的数据存放地址？
（7）用户进程需要输出的数据如何产生？
（8）用户进程输出数据到输出井后，系统还要执行什么操作？

6. spooling()函数分析

（1）SPOOLing 进程如何确定当前要执行哪个进程的数据输出？
（2）SPOOLing 进程如何在输出井中找到该进程当前要输出的数据？
（3）SPOOLing 进程执行一块输出请求块 reqblock 的数据输出后，还要执行什么操作？

7. 绘制程序流程图

根据前面的分析结果，绘制 main()、initialize()、request()、spooling() 函数的程序流程图。

8. 程序运行

（1）根据【模拟程序】中 spooling.c 程序的运行结果进行分析，完成表 2-26。

表2-26　程序运行结果分析

进程	PCB 指针	第几次输出	每次需要输出的数据
用户进程 1	PCB[0]	1	
		2	
		3	
		4	
		5	

续 表

进程	PCB 指针	第几次输出	每次需要输出的数据
用户进程 2	PCB[0]	1	
		2	
		3	
		4	
		5	
SPOOLing 进程	PCB[2]	1	
		2	
		3	
		4	
		5	

（2）画出用户进程每次执行输出请求后，输出井 buffer 中数据的变化及变量 t1、t2、head、tail 的变化。

 实验思考

1．按照设备的特性可以将设备分为几类设备？
2．什么是"虚拟设备"？操作系统如何实现对独占设备的虚拟分配？
3．什么是 SPOOLing 技术？如何实现 SPOOLing 技术？
4．有人说"SPOOLing 技术是一种空间换时间的技术"，这种说法对不对？为什么？
5．SPOOLing 技术实现过程中涉及到的设备哪些是独占设备？哪些是共享设备？哪些虚拟设备？
6．SPOOLing 技术有何优点？

实验 16 文件系统设计

实验目的

（1）了解文件系统的工作原理及基本构成。
（2）掌握设备管理 SPOOLing 技术的基本思想和实现过程。
（3）掌握实现文件系统的主要数据结构。
（4）通过模拟程序实现简单的一级文件系统和二级文件系统。
（5）加深理解文件系统的内部功能和实现方法。

相关知识

1. 文件与文件系统

文件是存放在外存介质上的信息集合，以文件名作为其唯一标志。从用户的角度看，文件是外存的最小分配单位，即数据必须组织在文件中，否则不能写入外存。

文件系统是操作系统中对文件进行控制管理的模块。文件系统的主要功能是负责管理存储在外存上的文件并为用户提供一种简单而又统一的存取和管理文件的方法。无论是用户文件、操作系统的系统文件或是作为管理用的目录文件都依靠文件系统来实施管理。文件系统将文件的存储、检索、共享和文件保护的手段提供给操作系统和用户，以实现方便用户的宗旨。

2. 文件目录与目录文件

一个文件由文件说明和文件体组成。文件说明部分包括文件的基本信息、存取控制信息和文件使用信息等对文件静态信息的描述。操作系统使用一个数据结构存放文件说明部分的全部信息，此数据结构称为文件控制块 FCB。

操作系统将每个文件的 FCB 表示为一个目录项，并通过目录项管理文件，目录项中最主要的是文件名与文件的物理位置。操作系统将磁盘当前目录下所有文件的目录项集中放在一个文件中，称为目录文件。

3. 文件目录结构

文件目录结构是指目录文件的组织形式。目录文件的结构如何，关系到文件的存取速度、文件的共享及文件安全控制的实现。

常用的目录结构有一级目录、二级目录和多级目录。

4. 文件保护

文件保护是指根据不同的用户对文件进行存取权限控制和保密控制。

操作系统对于文件存取权限控制应该做到以下几点：
（1）对于拥有读、写或执行权限的用户，应该允许其对文件进行相应权限的操作。
（2）对于不具备读、写或执行权限的用户，应该禁止其对文件进行相应的操作。
（3）应该防止冒充其他用户对文件进行存取的行为。
（4）应该防止拥有存取权限的用户误用文件。

5. 文件操作

文件系统是操作系统与用户的接口，它必须为用户使用文件提供操作命令和系统调用两种接口。其提供的服务一般分为以下几类：
（1）关于文件的创建、打开、关闭、读写及删除的服务。
（2）关于设置和修改用户对文件的存取权限的服务。
（3）关于目录的建立、改变、删除的服务。
（4）关于文件共享、设置访问路径等的服务。

模拟程序

附录 E 显示的是一个二级（多用户）文件系统，实现了多用户文件系统的基本功能。
（1）用户登录：login。
（2）显示目录内容：ls（支持长格式显示目录下文件的详细信息）。
（3）文件创建 / 删除功能：create/delete。
（4）文件打开 / 关闭：open/close。
（5）文件读 / 写：read/write。
（6）目录、文件的操作权限检查。
（7）文件的读、写保护。

实验内容

1. 文件系统的程序构成

参考附录中的多用户文件系统，分析系统由哪些程序构成及每个程序主要功能（见表2-27）。

表2-27　文件系统的程序构成

序号	程序名称	程序主要功能
1	systemdata.h	
2	main.cpp()	
3	install.cpp	
4	format.cpp	
5	shell.cpp	
6	user.cpp	
7	login_out.cpp	
8	pw.cpp	
9	psw_putget.cpp	
10	mkdir_del.cpp	
11	i_alloc_free.cpp	
12	i_getput.cpp	
13	hash.cpp	
14	dir_putget.cpp	
15	dir_cd.cpp	
16	file.cpp	
17	chmod.cpp	
18	b_alloc_free.cpp	
19	edit.cpp	

2. 文件系统中的程序函数

分析表 2-27 所列各个程序中的函数及函数的主要功能并填在表 2-28 中。

表2-28　文件系统中的程序函数

所在程序	函数名	函数功能	参数及其含义	返回值含义
install.cpp	sup_put()			
	install()			
shell.cpp	get_cmd_id()			
	docmd()			
	printinfo()			
	shell()			
……	……	……	……	……

3. mkdir_del.cpp分析

（1）在 mkdir_del.cpp 程序中实现了哪些目录操作？
（2）哪些情况下不允许创建目录？
（3）如何创建目录？

（4）哪些情况下不允许删除目录？
（5）如何删除目录？
（6）绘制 mkdir_del.cpp 程序流程图。

4. file.cpp 分析

（1）在 file.cpp 程序中实现了哪些文件操作？
（2）如何打开文件？如何判断用户是否允许打开文件？
（3）如何关闭文件？
（4）如何写文件？如何判断用户是否允许写文件？
（5）如果文件不存在，是否允许写文件？如何写文件？
（6）如何读文件？哪些文件不允许执行读操作？如何判断用户是否允许读文件？
（7）绘制 file.cpp 程序流程图。

5. 参考多用户文件系统，设计并实现一个一级（单用户）文件系统

要求提供以下操作：
（1）目录创建／删除功能：mkdir/rmdir。
（2）文件创建／删除功能：create/delete。
（3）显示目录内容：ls。

实验思考

1. 什么是文件？文件的外部标志和内部标志分别是什么？
2. 什么是文件系统？站在用户的角度上看，文件系统的主要功能是什么？
3. 在文件系统中，文件控制块被称为什么？包括哪些内容？
4. 多级文件目录结构的优点是什么？
5. 为什么进程在使用文件时需要打开文件？其实质是什么？
6. 什么是关闭文件操作？关闭文件是否需要删除文件？

实验附录

附录A　Linux主要目录

1. Linux系统目录

（1）/　　　　　　　　　形成文件系统基础的根目录。
（2）/bin　　　　　　　　包含操作系统部分二进制可执行程序，比如 ls、mv、rm、cp、mkdir、telnet、ftp 等。
（3）/boot　　　　　　　包含 Linux 的内核及 LILO 启动管理器所需要的文件。
（4）/dev　　　　　　　　包含所有的设备文件，比如 /dev/fd0 表示软盘、/dev/cdroom 表示光盘。
（5）/dosc　　　　　　　通常装载 MS-DOS 分区的目录。
（6）/etc　　　　　　　　包含大多数系统管理和配置文件及初始化脚本，比如用户账号和密码、系统的设置等。
（7）/home　　　　　　　所有用户宿主目录的常规位置，比如用户 zhang 的目录位置就是 /home/zhang。
（8）/lib　　　　　　　　包含 C 或其他编程语言的标准程序设计库，也称为动态链接共享库。
（9）/lost+found　　　　丢失的文件目录，每个磁盘分区一个，系统非正常关机时保存当前留下的文件，相当于 Windows 下的 *.chk 文件。
（10）/mnt　　　　　　　作为用户对于文件子系统的加载点，比如 /mnt/floppy 为装载 3 寸软驱的目录，/mnt/cdrom 为装载光驱的目录。
（11）/proc　　　　　　　虚拟目录，包含 Linux 系统各方面信息的特定目录，是系统内存的映射。
（12）/root　　　　　　　特权用户的宿主目录，该用户是系统管理员。
（13）/sbin　　　　　　　包含系统管理命令的可执行文件，存放特权用户的管理命令，如 fdisk、mount 等。
（14）/tmp　　　　　　　公用的临时文件目录，系统启动时被自动删除。
（15）/usr　　　　　　　包含许多重要系统文件的子目录。
（16）/10var　　　　　　包含各种系统定义文件及保存临时信息。

2. /usr子目录

（1）/usr/X11R6　　　　　包含 Xfree86（X 窗口系统）软件。
（2）/usr/bin　　　　　　包含除核心以外的较多 Linux 可执行文件和 Linux 中常用的实用程序。
（3）/usr/doc　　　　　　包含 Linux 操作系统说明文档和实用程序，Rad Hat 7.0 以后改放在 /usr/share/doc 目录下。
（4）/usr/games　　　　　包含 Linux 游戏。

（5）/usr/include　　　　包含 C 及 C++ 编程语言的头文件（.h 文件）。
（6）/usr/lib　　　　　　包含 C 及 C++ 及 X 和 Tl 的库文件。
（7）/usr/local　　　　　包含本地文件。
（8）/usr/man　　　　　包含在线帮助手册。
（9）/usr/sbin　　　　　包含诸如电子邮件等超级用户管理命令。
（10）/usr/src　　　　　包含 Linux 内核源代码，编译内核时需要用到。

3．/etc 子目录

（1）/etc/passwd　　　　用户信息库。
（2）/etc/group　　　　　组信息库。
（3）/etc/fdprm　　　　　软盘参数表。
（4）/etc/fstab　　　　　启动时使用 mount-a 自动挂接的文件系统列表。
（5）/etc/inittab　　　　init 命令的配置文件，类似 DOS 的 config.sys。
（6）/etc/magic　　　　　file 命令的配置文件。
（7）/etc/mtab　　　　　当前安装的文件系统列表。
（8）/etc/shadow　　　　影子口令文件。
（9）/etc/login.defs　　　login 命令的配置文件。
（10）/etc/printcap　　　打印机配置文件。
（11）/etc/securetty　　　确认哪个终端可以以 root 身份登录。
（12）/etc/Shells　　　　可使用的 Shell 列表。
（13）/etc/lilo.conf　　　LILO 引导程序的配置文件。

4．/usr/src/linux 子目录

　　该子目录存放了 Linux 的内核文件，本书中涉及的文件都在该目录所属的子目录下，如果书中目录路径以相对路径给出，则意味着当前目录为 /usr/src/linux 目录。

附录B Linux键盘命令

传统的操作命令界面是键盘命令，它是操作系统与用户直接进行交互的一种方式，因此，具有交互性的操作系统如分时系统或单用户系统都会提供键盘命令。

不同的操作系统提供的键盘命令有多有少，命令格式也不尽相同，但是一般情况下都具有以下基本功能：注册、目录和文件的管理、申请系统资源、输入/输出数据、注销等。下面分别介绍 Linux 提供的常用键盘命令。

1. 登录和退出Linux系统

（1）特权用户和非特权用户的登录方式
- 特权用户登录：root　　　　　// 使用 root 登录成功后会出现提示符 #
- 普通用户登录：用户名　　　　// 使用用户名登录成功后会出现提示符 $

（2）退出 Linux 系统
- 退出 linux 界面：logout　　　　// 执行后返回登录前的界面（若进入 Linux 的环境的方法不同，界面也会不同）。
- 退出并关机。
  - 特权用户或普通用户：shutdown
  - 特权用户：halt

以上两条命令都可以实现关闭系统并将系统带到可以关闭电源的安全点，当命令执行完成后即可切断电源了。执行"halt"命令后系统出现提示"system halted"，此时就可以关闭计算机电源了。

（3）系统重新启动

系统重新启动：reboot

2. 通配符

（1）* 通配符
- 用法：取代文件名中任意长度的字符串。
- 用例：ls s*
- 用例说明：显示当前目录下所有以 s 开头的文件名和目录名。

（2）? 通配符
- 用法：取代文件名中任一字符。
- 用例：ls ?ang
- 用例说明：显示当前目录下所有以任一字符开头、以 ang 结尾的文件名和目录名。

（3）[ ] 通配符
- 用法：指定文件名中任一属于 [ ] 中指定的字符组中的字符。
- 用例：ls sub[1-2]
- 用例说明：显示当前目录下名为 sub1 或 sub2 的文件名和目录名。

3. 用户管理

用户管理命令一般都属于特权命令，只能是以 root 登录的超级用户才能使用。普通用户使用下列命令时，系统会提示你的权限不够。

(1) 创建新用户
- 用法：useradd ［选项］ 用户名
- 选项说明

功能：该命令将自动在 /etc/passwd 和 /etc/shadow 文件中建立相关的用户信息。

其中选项：

-g 用户组号。

-d 若使用该选项，则需指定用户所属的目录路径名，默认为 /home/ 用户名。

说明：当新的用户创建后，系统会在 /home 下为该用户自动创建一个同名的子目录。所以可以发命令修改当前目录到用户子目录，这时查看用户目录是个空目录，没有任何文件。

- 用例：useradd guest
- 用例说明：添加一个名为 guest 的用户。

(2) 设置和修改密码
- 用法：passwd 用户名
- 用例：passwd zhang
- 用例说明：为用户 zhang 设置密码。系统会提示输入密码并需要用户确认密码。

注意：必须指定用户名，如果不给出用户名则默认为 root 超级用户（因为是用 root 登录的，工作在管理员级别）；登录时用户使用给定的用户名及密码登录。

(3) 撤销用户
- 用法：userdel ［-r］ 用户名
- 选项说明：

选择 - r 则删除用户主目录下的所有文件和目录。

不选 - r 则保留其目录，且使用 "rmdir" 命令无法删除该目录，但可以在图形方式下删除。

- 用例：

userdel guest   // 撤销 guest 用户，保留用户子目录

userdel -r guest   // 撤销 guest 用户，同时删除用户子目录

注意：使用保留子目录的方式撤销该用户，其子目录依然可以进入，否则，应该使用带有 -r 选项的用户撤销命令。

(4) 删除用户密码
- 用法：passwd -d 用户名
- 用例：passwd -d guest
- 用例说明：删除用户 guset 的密码。

(5) 改变用户
- 用法：su 用户名
- 用法说明：该命令准许系统管理员在特权用户和普通用户之间切换而无须退出系

统重新启动。
- 用例：su root
- 用例说明：用户以用户名登录进入 Linux，使用"su root"命令后系统会以 root 身份重新登录，并提示输入 password。

注意：在由普通用户切换为超级用户时系统会提示输入超级用户的登录密码。

(6) 用户查询
- 用法：who
- 用法说明：查看当前在线的用户情况。

4. 目录管理

(1) 修改当前所在目录
- 用法：cd 目录路径 / 目录名   // 进入指定目录
  cd ~   // 进入当前用户的工作目录
  cd ~[用户名]   // 进入指定用户的工作目录
- 用例：
  cd /home   // 进入 /home 目录
  cd /   // 进入根目录
  cd ~guest   // 进入用户名为 guest 的普通用户目录
  cd ../   // 进入父目录（上一级目录）
  cd ./mysub   // 进入当前目录下的 mysub 子目录

(2) 创建子目录
- 用法：mkdir 目录路径 / 目录名
- 用例：mkdir mysub   // 在当前目录下建立 mysub 子目录

注意：一般来说，用户的子目录都建立在 /home 下，当创建一个新的用户时，系统会自动在 /home 目录下以用户名为子目录名，为该用户创建一个用户目录。

(3) 删除目录
- 用法：rmdir 目录路径 / 目录名表
- 用例：rmdir mysub   // 删除当前目录下的 mysub 子目录

注意：只有该子目录为空目录、非当前目录、非父目录才能删除。

(4) 显示当前目录的绝对路径
- 用法：pwd

(5) 显示目录信息
- 用法：ls [选项] [路径/] 文件名通配符
- 选项说明：
  - -a 或 -A   显示指定目录下所有子目录与文件,包括隐藏文件（－A 不显示 . 和 ..）。
  - -C   多列显示。
  - -d   只显示目录，不显示文件。
  - -F   用标志来标识文件或目录的类型（/ 表示目录，* 表示可执行文件，@ 表示符号链接，| 表示管道）。

-I　　　　　　　　显示文件的 i 节点号。
-l　　　　　　　　长格式显示目录信息，显示列表所代表的参数含义如下：

| 文件类型与权限 | 链接数 | 文件所有者 | 文件所属组 | 文件大小 | 建立或修改时间 | 文件名 |

其中第一列"文件类型与权限"共 9 个字符。

第 1 个字符表示文件类型：
- 　　　　　一般文件
- d　　　　　目录文件
- l　　　　　符号链接文件
- c　　　　　字符设备文件
- b　　　　　块设备文件

第 2 个字符开始每 3 个字符为一组表示不同用户对文件的使用权限，依次为：
第 1 组表示文件拥有者的权限；
第 2 组表示文件用户组的权限；
第 3 组表示其他非同组用户的权限。

文件权限：r 表示可读；w 表示可写；x 表示可执行；－表示无权限。
目录权限：
- r--　　　　　可查看，但不能编辑或读取目录文件。
- -w-　　　　　不能建立新目录或向目录中复制文件。
- rw-　　　　　可以用 ls 查看目录中的文件，但不能进入目录。
- rwx　　　　　最高权限，可以任意删、复制、读取、进入目录。

● 用例：
　　ls　　　　　　　　　　　　　　　显示当前目录下所有的文件。
　　ls /usr/src/linux-2.4.8-20/kernel　　显示 /usr/src/linux-2.4/kernel 目录下所有的文件。
　　ls -l　　　　　　　　　　　　　　长格式显示当前目录下的文件。

注意：ls 命令用不同的颜色表示文件或目录的属性，用 dir 命令也可以显示目录中的文件，但是不具备用颜色表示属性的功能。ls 命令的输出颜色和文件或目录的属性对应关系如表 B-1 所示。

表B-1　ls命令的输出颜色的含义

颜色	属性	颜色	属性	颜色	属性
蓝色	目录	绿色	可执行文件	红色	压缩文件
暗红色	图像文件	浅蓝色	链接文件	灰色	一般文件
黄色	设备文件				

5．文件管理

（1）复制文件
● 用法：cp ［选项］ ［源文件路径］ 源文件名表　目标路径 [目标文件名]
● 选项说明：
源文件可以有多个，用空格分隔，也可以用通配符。

-d		复制时保留链接。
-i		交互方式，询问是否覆盖。
-f		非交互方式，不询问是否覆盖。
-R		带子目录一起复制，类似于 DOS 中的 XCOPY。

- 用例：
  cp ./user/*.* ./   将当前目录下 user 子目录中的所有文件复制到当前目录下。
  cp ./user/t1.c ./new.c   将 ./user/t1.c 文件复制到当前目录下，并改名为 new.c。
  cp -r ./user ./bakcup   将当前目录下 user 子目录中的所有文件连同目录一起复制到 当前目录的 backup 子目录中。
  cp file1 file2 user   将当前目录下的 file2、file3 两个文件复制到 user 目录下。

（2）文件更名与移动
- 用法：mv [选项] 旧文件路径/文件名 新文件路径/文件名
- 选项说明：

-b		删除先前的备份。
-I		交互方式，询问是否覆盖。
-f		非交互方式，不询问是否覆盖。

- 用例：
  mv user/*.* sub   子目录 user 下的所有文件移到 sub 目录中。
  mv t1.c new.c   将当前目录下 t1.c 文件重命名为 new.c。
  mv user/t1.c sub/new.c   子目录 user 下的 t1.c 文件移到 sub 中，并且重命名为 new.c。

（3）显示文本内容

文本文件指的是由 ASCII 码组成的文件，以下介绍的三种显示命令 cat、more、less 都只能针对文本文件，显示非文本文件则会出现乱码。

- 用法：
  cat 文件名   显示文本内容。
  more [选项] 文件名   分屏显示文本内容，使用空格键翻页，使用 Ctrl+c 键终止显示。
  less [选项] 文件名   按页显示文本内容,键入空格显示下一页,回车显示下一行；在每页最下方键入 q 则终止显示;显示速度较快,适宜大文件。

- more 和 less 的选项说明：

-p 或 -c		显示下一屏之前先清屏。
-d		每屏底部显示提示信息。
-s		将文件中连续的空行压缩成一个空行。

- 用例：
  cat file1   显示文件 file1 的内容。
  more /home/guest/file1   分屏显示文件 file1 的内容。
  more -c -20 /usr/src/linux-2.4/kernel/kallsyms.c

显示文件 kallsyms.c 的内容，每次 10 行，显示之前先清屏。然后，每键入一次空格则显示下一页，直至最后一页。

　　　　less　/usr/src/linux-2.4/kernel/time.c

分页显示文件 time.c 的内容，按空格后输出下一页，在每页的":"处输入 q 就终止显示，返回命令提示界面。

　　注意：在三种显示命令格式之下，均可以通过退出显示命令（:q）退出文本显示状态。如果屏幕下方没有":"提示符，可以用 ESC 键将":"调出来。

（4）删除文件
- 用法：rm　[选项]　文件名
- 选项说明
  　　-i　　　　　　　　交互方式，询问是否删除（y 表示"是"，n 表示"否"）。
  　　-f　　　　　　　　非交互方式，不询问是否删除（默认方式）。
  　　-r　　　　　　　　递归删除整个目录，禁止在根目录（/）下使用此项。
- 用例：
  　　rm　file1　　　　　　删除当前目录下的 file1 文件。
  　　rm　*.txt　　　　　　删除当前目录下所有扩展名为 .txt 的文件。
  　　rm　-r　backup　　　逐个删除当前目录下 backup 目录及其子目录。

（5）查找文件
- 用法：find　[路径]　查找条件表达式
- 选项说明：
  　　-name　　　　　　按文件名匹配。
  　　-gid　　　　　　　按用户组的 PID 匹配。
  　　-group　　　　　　按用户组名匹配。
  　　-user　　　　　　按用户名匹配。
  　　-type　　　　　　按文件类型匹配。

  复合条件的逻辑运算：
  　　-a　　　　　　　　与运算。
  　　-o　　　　　　　　或运算。
  　　!　　　　　　　　　非运算。

- 用例：
  　　find　-name　abc　　　　　　　　查找 abc 文件。
  　　find　-name　a*　　　　　　　　查找所有以 a 开头的文件。
  　　find　-name　a*　-o　-name　*c
  　　　　　　　　　　　　　　　　　　查找文件名以 a 开头或以 c 结尾的所有文件。

（6）输入输出重定向
- 用法：
  　　目标文件　＜源文件　　　　　输入重定向。
  　　源文件　＞目标文件　　　　　输出重定向。
  　　主要用于：
  　　cat　＞文件名　　　　　　　　将键盘输入的字符送到文件中，文件内容输入完毕，
  　　　　　　　　　　　　　　　　换行后可按 Ctrl+d 组合键存盘退出。

cat 文件名1 ＞＞文件名2		追加文件1到文件2的尾部。
cat 文件名表 ＞文件名		合并文件。
cat 文件名1 |文件名		将文件1的输出作为文件2的输入。

- 用例：

    cat ＞a.sh　　　　　　创建文件a.sh，由键盘输入若干个字符。文输入完毕后，换行输入按Ctrl+d组合键存盘退出。

    cat b.sh＞＞a.sh　　　　将b.sh文件的内容追加到文件a.sh的末尾。

    cat c d e＞test　　　　　将c、d、e文件合并生成文件test。

    cat c d e|less　　　　　 将c、d、e文件合并后用less显示文件内容。

（7）修改文件属性

- 用法：chmod ［选项］ ［权限数字］ 文件名或目录名
- 选项说明：权限数字用3位数字分别表示文件拥有者、同组用户、不同组用户的权限。权限数字的约定如表B-2所示，权限数字可以求和表示多权限的组合。

表B-2　权限数字的含义

值	权限
0(000)	无权限
1(001)	可执行
2(010)	可写
4(100)	可读

- 用例：

  chmod 750 file　　　　表示file文件的权限。

                      拥有者：可读、可写、可执行（1+2+4=7）。

                      同组用户：可读、可执行（1+4=5）。

                      不同组用户：无权限（不可读、不可写、不可执行）。

（8）文件链接与共享

- 用法：

  ln ［选项］ 目标 ［链接名文件名］　　　硬链接（只针对文件），链接后的文件与被链接的文件具有相同的i节点号。

  ln -s 目标 符号名　　　符号链接－s（可针对目录），通过符号链接可以给文件或文件夹另起一个名字，类似于Windows中的快捷方式，即创建一个符号指向某个实际的文件或文件夹。

- 选项说明：

  -s　　　　　　　　　符号链接

  -f　　　　　　　　　若目标文件已经存在则覆盖

  -n　　　　　　　　　若目标文件已经存在则停止执行

  功能：创建或指派文件或目录链接，使得具有不同路径、不同文件名的多个文件/

目录指向同一个文件/目录。可以给新建的文件链接指定不同的访问权限。
- 用例：

ln ../temp/abc a1	将 ../temp/abc 文件链接到当前目录下的 a1 文件 (a1 文件原来不存在)，a1 和 abc 具有相同的 i 节点号，若删除 a1 文件则只删除其链接，不会删除 abc 文件。
ln -s /bin/ls list	在 list 与 /bin/ls 之间建立了符号链接，运行 list 实际上就是运行 /bin/ls 文件，可以使用 list 命令显示当前目录内容（取代 ls）。
ln -s /home/guest/temp/sub ./test	将 /home/guest/temp/sub 目录链接到当前用户目录下，链接的目录名为 test，在当前目录下新增目录 test，查看 test 中的文件与查看 temp/sub 目录中的文件相同。

（9）文件压缩和解压缩
- 用法：gzip ［选项］ 压缩文件名或解压缩文件名
- 选项说明：

-c	将输出写到标准输出上并保留原有文件。
-d	将压缩文件解压缩。
-l	对每个压缩或解压缩文件显示有关大小和文件名信息。
-r	递归方式查找指定目录并压缩其中所有文件或解压缩。
-t	检查压缩文件是否完整。
-v	对每个压缩文件显示文件名和压缩比。
-num	用 num 指定的数值完成压缩比，num 值可以使用 1～9，其中 1 代表压缩比最低，默认为 6。

- 用例：

gzip -9 signal.c	用高压缩比压缩文件 signal.c。
gzip -d signal.c.gz	解压缩文件 signal.c.gz。

- 注意：文件压缩后会在压缩文件名后自动加上后缀 .gz，gz 文件在显示时是绿色的。

（10）文件打包和解包
- 用法：tar ［选项］ 目标文件名 源文件列表
- 选项说明：

-c	创建新的档案文件，若要备份一个目录或一些文件则选择此项。
-r	把要存档的文件追加到档案文件的末尾。
-t	列出档案文件的内容。
-x	从打包文件中释放文件和目录。
-f	使用档案文件或设备，必选项。
-v	在复制过程中显示其处理的文件信息。
-w	每次打包/解包时对每个文件进行确认。
-z	对文件进行压缩或解压缩，如果压缩用了，则解压缩也要用。

一般必选项：

打包　　　　　-cvf
解包　　　　　-xvf
查看　　　　　-tvf

若要压缩或解压缩则再加上 z，注意 f 选项要放在最后。
- 用例：
tar -cvzf myfile.tar ./　　　　将当前目录下所有文件打包并压缩到文件 myfile.tar 中。
tar -xvzf ../myfile.tar ./　　　将 myfile.tar 中所有文件解包并 j 解压缩到当前目录下。
注意：tar 文件在显示时是红色。

（7）U 盘的安装和卸载
① 在 Linux 环境下第一次使用 USB 设备
- 搜索 USB 设备。
用法：fdisk -l /dev/sd?
当有使用 USB 接口的存储设备被识别，则会出现 USB 的设备号以及相关信息，如图 B-1 所示。图 B-1 中 USB 设备号为 sda1，格式为 FAT16。

图B-1　搜索USB设备

- 在 /mnt 目录下创建 usb 子目录（如果 usb 子目录已经存在则省略此步骤）
用法：mkdir /mnt/usb
- 运行设备装载命令，将 USB 设备装载到 /mnt/usb 目录下
用法：mount –t vfat -o iocharset=gb2312 /dev/sda1 /mnt/usb
选项说明：
　　–t vfat　　　　　　　　指定装载的文件系统类型为 Windows 的 vfat 格式。
　　-o iocharset=gb2312　　用于显示设备内的中文文件名。
　　/dev/sda1　　　　　　　指明装载的设备号，注意在参数 sda1 中是数值 1，而不是字符 1，其值取决于对 USB 设备查询出来的结果。
- 检查是否装载成功，显示 USB 目录文件，如果正确显示表示可以正常使用 U 盘。
用法：ls /mnt/usb
② 非第一次使用 U 盘
- 装载。
用法：mount /dev/sda1 /mnt/usb
- 卸载。
用法：umount /mnt/usb

7. 其他

（1）显示在线帮助信息
- 用法：man 命令名
- 用例：man ls　　　　　　　　　显示 ls 命令的帮助信息。

注意：在":"提示下键入 q 退出显示的帮助内容。

（2）清屏
- 用法：clear

（3）历史命令的调用
- 用法：

移至历史命令列表中当前命令的上一条命令：↑

移至历史命令列表中当前命令的下一条命令：↓

（4）显示日期和时间
- 用法：date
- 用法说明：

显示信息格式为：

　　　星期　月　日　时：分：秒　年

- 用例：date

（5）显示日历
- 用法：cal ［月份］ 年
- 用例：

　cal　2015　　　　　显示 2015 年的年历。

　cal　9　2015　　　　显示 2015 年 9 月的月历。

附录C Linux的shell编程

Linux 的批处理作业控制程序称为脚本，脚本语句是 Linux 提供的对于作业批处理进行控制的作业控制语言操作界面，脚本语句由 Linux 操作系统解释执行。脚本由脚本语言与可执行的二进制文件或命令组成，因此，脚本是不需要再编译链接的。为了与高级语言源程序加以区别，Linux 中将其称为"脚本"。

脚本的编制既可以使用 Linux 提供的文本编辑器 Vi，也可以在任何一个编辑环境下实现对批处理文件的制作。

1. 制作并运行作业控制程序

（1）创建脚本文件
　　用法：vi 文件名
（2）编辑脚本文件
　　● 用法：输入 i 进入插入状态，在插入状态下输入 shell 脚本，输入完毕后按 Esc 键退出插入状态，然后输入 :wq 存盘退出 Vi，返回键盘命令界面
　　● 用法说明：此时屏幕下方有提示符"—INSERT—"或者"—插入—"显示。
（3）修改文件属性为可执行
　　● 用法：chmod 777 文件名
　　● 用法说明：其中 777 也可以是其他权限的组合，但是必须包括可执行权限。
（4）执行文件
用法：./ 文件名 -2

【例题 C-1】

设计一个脚本文件 calendar，实现键盘输入年、月的值，屏幕上显示该月的月历。该脚本文件的设计过程如下。

①打开文本编辑器：vi calendar。
②切换到插入模式：按下 Insert 键。
③输入脚本，内容如下：

```
echo "Please input the month:"
read month
echo "Please input the year:"
read year
cal $month  $year
```

④退出插入模式：按下 Esc 键。
⑤保存文件并退出：输入 (:wq)。
⑥修改脚本文件权限：chmod 700 calendar。
⑦执行脚本文件：./calendar。
⑧屏幕显示结果。

```
Please input the month:
9
Please input the year:
2015
     九月  2015
日 一 二 三 四 五 六
        1  2  3  4  5
 6  7  8  9 10 11 12
13 14 15 16 17 18 19
20 21 22 23 24 25 26
27 28 29 30
```

2. 作业控制语句

（1）变量
- 用法：shell 脚本中变量没有类型，不需要事先声明直接使用。
- 用例：

　　num=345　　　　　　　　　//num 赋值 345

　　name=marry　　　　　　　//name 等于字符串"marry"

注意：对变量赋值时等号两边不能有空格；字符串和数值一样赋值。

（2）获取变量的值
- 用法：$ 变量名
- 用例：$name。

（3）字符串输出

用法：echo "字符串"

（4）键盘输入

用法：read 变量名

（5）字符串转换为数值
- 用法：`expr $ 字符串变量名表达式`
- 用例：

　　num=1

　　num=`expr $num +1`　　　　//num 加 1

注意：其中的 ` 号是键盘上的 ~ 键（数码键 1 的左边）。

（6）表达式

①数值运算。
- 运算符：+、-、*、/、%、<、>、<=、>=、=、!=、&、|。
- 运算结果：字符串。
- 用例：

　　num=1

　　num=$num+2

- 用例结果：$num 的值为字符串"1+2"。

②整数运算。
- 运算符：

  -eq　　　　　　　　　等于
  -ge　　　　　　　　　大于等于
  -gt　　　　　　　　　大于
  -le　　　　　　　　　小于等于
  -lt　　　　　　　　　小于
  -ne　　　　　　　　　不等于

- 运算结果：表达式为真则结果为 1，否则为 0。

③字符串运算。
- 运算符：

  =
  ！= str　　　　　　　字符串不空
  -n str　　　　　　　 字符串长度大于 0
  -z str　　　　　　　 字符串长度为 0

- 运算结果：表达式为真则结果为 1，否则为 0

④逻辑运算符。
- 运算符：

  ！Exp　　　　　　　　exp 为真
  exp1 –a exp2　　　　 exp1 与 exp2
  exp1 –o exp2　　　　 exp1 或 exp2

- 运算结果：表达式为真则结果为 1，否则为 0。

（7）选择语句
- 用法：

```
if [ 判断条件 ]
then
        语句块 1
else
        语句块 2
fi
```

- 用法说明：判断条件为真则执行语句块 1，否则执行语句块 2。

注意：[ ] 与条件表达式之间要有空格分隔，条件表达式的各项之间也要用空格隔开。

（8）循环语句
① while 循环。

```
while [ 循环条件 ]
do
        语句块
done
```

功能：测试条件为真时执行循环体，直到条件为假时出循环。

注意：while 的循环条件与 [] 之间必须用空格隔开，循环条件内各部分之间也必须用空格隔开。

② until 循环。

```
until [ 条件表达式 ]
do
        语句块
done
```

功能：测试条件为真时执行循环体，直到条件为假时出循环。

③ for 循环。

```
for 变量 in 值集合
do
        语句块
done
```

功能：变量依次遍历集合中值，每个值执行一次循环体。

（9）循环中断语句
- 用法：
  break
  continue
- 用法说明：break 和 continue 语句与 C 语言中的含义一样，break 用于终止当前循环，跳出循环体，continue 用于结束本次循环，继续下一次循环。这两个语句只能用于 do 和 done 之间。

（10）注释
用法：# 注释的内容

【例题 C-2】

设计一个脚本文件 sex，根据键盘输入的值是 0 还是 1 决定输出字符"A"还是字符"B"，shell 脚本（if/else 结构实现）如下所示：

```
read s
if [ $s = "0" ]
then
        echo "A"
else if [ $s = "1" ]
        then
                echo "B:
        else
                echo " 错误 "
        fi
fi
```

屏幕显示结果如下：

0	1	2
A	B	错误

【例题 C-3】

创建一个脚本文件 file1.sh 完成以下功能。

- 屏幕显示：

  > 0. Exit（退出，返回到 Linux）
  > 1. Display Calendar of month（显示月历）
  > 2. Display Calendar of year（显示年历）

- 接收用户的选择。
- 根据用户的选择完成相应的任务。
- 要求：仅当用户选择 0 才能结束程序的运行，返回 Linux，否则继续显示功能菜单接收用户的选择，将屏幕控制起来。

shell 脚本（while 结构实现）如下所示：

```
ch=1
while [ $ch != "0" ]
do
echo " ┌──────────────────────────────┐ "
echo " │ 0.Exit                       │ "
echo " │ 1.Display Calendar of month  │ "
echo " │ 2.Display Calendar of year   │ "
echo " └──────────────────────────────┘ "
echo "Please choose number 1,2 or 0:"
read ch
echo " "
if [ $ch = "1" ]
then     echo "Input year:"
         read year
         echo "Input month:"
         read month
         cal $month $year
else  if [ $ch = "2" ]
    then   echo "Input year:"
           read year
           cal $year
    else       if [ $ch = "0" ]
                  then  echo "Exit now!"
                  else  echo "Wrong choice!"
                        echo  "Please chooce again!"
               fi
```

```
        fi
fi
echo ""
done
```

附录D Linux软中断信号

1. 软中断信号

软中断信号（signal，又简称为信号）是进程在运行过程中，由自身产生或由进程外部发过来的消息（事件）。软中断信号是硬件中断的软件模拟。进程之间可以互相通过系统调用 kill 发送软中断信号。内核也可以因为内部事件而给进程发送信号，通知进程发生了某个事件。注意：信号只用来通知某进程发生了什么事件，并不给该进程传递任何数据。

每个信号用一个整型常量宏表示，以 SIG 开头，比如 SIGINT，它们在系统头文件 <signal.h> 中定义，也可以通过在 shell 下键入 "kill –l" 查看信号列表，或者键入 "man 7 signal" 查看更详细的说明。

2. 软中断信号的处理

收到软中断信号的进程对各种信号有不同的处理方法。处理方法可以分为以下三类：
- 类似中断处理程序，对于需要处理的信号，进程可以指定处理函数，由该函数来处理。
- 忽略某个信号，对该信号不做任何处理，就像未发生过一样。
- 对该信号的处理保留系统的默认值。大部分信号的默认操作是使得进程终止。

进程通过系统调用 signal 来指定进程对某个信号的处理行为。

3. Linux支持的软中断信号列表（见表D-1）

表D-1 Linux软中断信号的编码、名称及其含义

序号	名称	含义
1	SIGHUP	终端的挂断或进程死亡
2	SIGINT	按 Ctrl+c
3	SIGQUIT	按 Ctrl+\
4	SIGILL	非法指令
5	SIGTRAP	自陷，跟踪代码的执行
6	SIGIOT	IOT 指令
7	SIGBUS	总线错误（内存访问错误）
8	SIGFPE	浮点数例外
9	SIGKILL	终止进程
10	SIGUSR1	用户自定义信号 1
11	SIGSEGV	段违例（内存引用无效）
12	SIGUSR2	用户自定义信号 2
13	SIGPIPE	向非法管道中写数据（没有读）
14	SIGALARM	闹钟报警

续 表

序号	名称	含义
15	SIGTERM	软件中止
16	SIGSTKFLT	协处理器堆栈错误（不使用）
17	SIGCHLD	子进程死亡
18	SIGCONT	如果停止，继续执行
19	SIGSTOP	非来自终端的停止信号
20	SIGTSTP	来自终端的停止信号
21	SIGTTIN	后台进程读终端
22	SIGTTOU	后台进程写终端
23	SIGURG	Socket 紧急信号
24	SIGXCPU	超过 CPU 时限
25	SIGXFSZ	超过文件长度限制
26	SIGVTALARM	虚拟计时器到时
27	SIGPROF	统计分布图用计时器到时
28	SIGWINCH	窗口大小改变
29	SIGIO	描述符上可以进行 I/O 操作
30	SIGPWR	电力故障
31	SIGSYS	非法系统调用

列表中，序号为 1~31 的信号为传统 UNIX 支持的信号，是不可靠信号（非实时的），序号为 32~63 的信号是后来扩充的，称为可靠信号（实时信号）。不可靠信号和可靠信号的区别在于前者不支持排队，可能会造成信号丢失，而后者则不会。

4．软中断信号详解

（1）SIGHUP

本信号在用户终端连接（正常或非正常）结束时发出，通常是在终端的控制进程结束时，通知同一 Session 内的各个作业，这时它们与控制终端不再关联。

登录 Linux 时，系统会分配给登录用户一个终端（Session）。在这个终端运行的所有程序，包括前台进程组和后台进程组，一般都属于这个 Session。当用户退出 Linux 登录时，前台进程组和后台进程组有对终端输出的进程将会收到 SIGHUP 信号。这个信号的默认操作为终止进程，因此，前台进程组和后台有终端输出的进程就会中止。

（2）SIGINT

程序终止（interrupt）信号，在用户键入 INTR 字符（通常是 Ctrl+c）时发出，用于通知前台进程组终止进程。

（3）SIGQUIT

和 SIGINT 类似，但由 QUIT 字符（通常是 Ctrl+/）来控制。

（4）SIGILL

执行了非法指令，通常是因为可执行文件本身出现错误或者试图执行数据段，堆栈溢出时也有可能产生这个信号。

（5）SIGTRAP

由断点指令或其他 trap 指令产生，由 debugger 使用。

（6）SIGABRT

调用 abort 函数生成的信号。

（7）SIGBUS

非法地址，包括内存地址对齐（alignment）出错。比如访问一个 4 个字长的整数，但其地址不是 4 的倍数。它与 SIGSEGV 的区别在于后者是由于对合法存储地址的非法访问触发的（如访问不属于自己存储空间或只读存储空间）。

（8）SIGFPE

在发生致命的算术运算错误时发出，不仅包括浮点运算错误，还包括溢出及除数为 0 等其他所有的算术错误。

（9）SIGKILL

用来立即结束程序的运行，本信号不能被阻塞、处理和忽略。如果管理员发现某个进程终止不了，可尝试发送这个信号。

（10）SIGUSR1

留给用户使用的信号 1。

（11）SIGSEGV

试图访问未分配给自己的内存，或试图往没有写权限的内存地址写数据。

（12）SIGUSR2

留给用户使用的信号 2。

（13）SIGPIPE

管道破裂，这个信号通常在进程间通信产生，比如采用 FIFO（管道）通信的两个进程，读管道没打开或者意外终止就往管道写，写进程会收到 SIGPIPE 信号。此外用 Socket 通信的两个进程，写进程在写 Socket 时，读进程已经终止。

（14）SIGALRM

时钟定时信号，计算的是实际的时间或时钟时间。alarm 函数使用该信号。

（15）SIGTERM

程序结束（terminate）信号，与 SIGKILL 不同的是该信号可以被阻塞和处理。通常用来要求程序自己正常退出，shell 中的 kill 命令默认产生这个信号。如果进程终止不了，我们才会尝试 SIGKILL。

（16）SIGSTKFLT

协处理器堆栈错误（不使用）。

（17）SIGCHLD

子进程结束时，父进程会收到这个信号。如果父进程没有处理这个信号，也没有等待（Wait）子进程，子进程虽然终止，但是还会在内核进程表中占有表项，这时的子进程称为僵尸进程。这种情况我们应该避免（父进程或者忽略 SIGCHILD 信号，或者捕捉它，或者等待它派生的子进程，或者父进程先终止，这时子进程的终止自动由 init 进程来接管）。

（18）SIGCONT

让一个停止（Stopped）的进程继续执行，本信号不能被阻塞。可以用一个 handler 来让程序在由 Stopped 状态变为继续执行时完成特定的工作。

（19）SIGSTOP

停止（Stopped）进程的执行。注意它和 terminate 及 interrupt 的区别：该进程还未结束，只是暂停执行。本信号不能被阻塞、处理或忽略。

（20）SIGTSTP

停止进程的运行，但该信号可以被处理和忽略。用户键入 SUSP 字符时（通常是 Ctrl+Z）发出这个信号。

（21）SIGTTIN

当后台作业要从用户终端读数据时，该作业中的所有进程会收到 SIGTTIN 信号。默认时这些进程会停止执行。

（22）SIGTTOU

类似于 SIGTTIN，但在写终端（或修改终端模式）时收到。

（23）SIGURG

有"紧急"数据或 out-of-band 数据到达 Socket 时产生。

（24）SIGXCPU

超过 CPU 时间资源限制，这个限制可以由 getrlimit/setrlimit 来读取 / 改变。

（25）SIGXFSZ

当进程企图扩大文件以至于超过文件大小资源限制。

（26）SIGVTALRM

虚拟时钟信号，类似于 SIGALRM，但是计算的是该进程占用的 CPU 时间。

（27）SIGPROF

类似于 SIGALRM/SIGVTALRM，但包括该进程用的 CPU 时间及系统调用的时间。

（28）SIGWINCH

窗口大小改变时发出。

（29）SIGIO

文件描述符准备就绪，可以开始进行输入 / 输出操作。

（30）SIGPWR

表示 power failure 信号。

（31）SIGSYS

表示非法的系统调用信号。

5. 说明

在以上列出的信号中，
- 程序不可捕获、阻塞或忽略的信号有：SIGKILL、SIGSTOP。
- 不能恢复至默认动作的信号有：SIGILL、SIGTRAP。
- 默认会导致进程流产的信号有：SIGABRT、SIGBUS、SIGFPE、SIGILL、SIGIOT、SIGQUIT、SIGSEGV、SIGTRAP、SIGXCPU、SIGXFSZ。

- 默认会导致进程退出的信号有：SIGALRM、SIGHUP、SIGINT、SIGKILL、SIGPIPE、SIGPOLL、SIGPROF、SIGSYS、SIGTERM、SIGUSR1、SIGUSR2、SIGVTALRM。
- 默认会导致进程停止的信号有：SIGSTOP、SIGTSTP、SIGTTIN、SIGTTOU。
- 默认进程忽略的信号有：SIGCHLD、SIGPWR、SIGURG、SIGWINCH。

附录E 多用户文件系统参考程序

1. 头文件systemdata.h //定义程序所需的结构、变量、函数

```c
//磁盘文件的参数
#define DISKSIZE        1024*1024           // 磁盘文件大小
#define BLOCKSIZE       512                 // 磁盘块大小
#define FILENAME        "disk.txt"
//超级块参数
#define SUPBLOCK        5                   // 超级块所需盘块
#define bSTACKSIZE      50                  // 空闲盘块栈大小
#define iSTACKSIZE      500                 // 空闲i节点栈大小
#define SUPSTART        BLOCKSIZE           // 超级块起始的物理地址
#define SUPSIZE         sizeof(struct superblock)    // 超级块大小
//i结点参数
#define INODESIZE       sizeof(struct dinode)        // 一个i节点大小
#define INODENUM_B      5                   // 每个盘块i节点个数
#define INODEBLOCK      100                 //i节点所需盘块
#define INODENUM        500                 //i节点数目
#define ADDRNUM         13                  //i节点可连接的盘块数
#define INODESTART      6*BLOCKSIZE         //i节点起始的物理地址
//用户密码区参数
#define USERSIZE        20                  // 用户名长度
#define PWSIZE          30                  // 密码长度
#define GROUPSIZE       20                  // 组名长度
#define USERNUM         68                  // 最多用户个数（其实比最大数多几个）
#define USERBLOCK       14                  // 用户密码去所需盘块
#define PSWORDSTART     111*BLOCKSIZE       // 用户密码区起始地址
#define PSWORDSIZE      sizeof(struct psword)        // 密码记录项长度
// 主用户目录区参数（特殊的文件目录，初始化就确定）
#define ROOTSTART       106*BLOCKSIZE       // 根目录块地址
#define DIRBLOCK        4                   // 主用户目录所需磁盘块数
#define DIRSTART        107*BLOCKSIZE       // 主用户目录起始地址
// 文件目录一般参数
#define DIRECTSIZE      sizeof(struct direct)        // 目录项长度
#define DIRECTNUM       16                  // 每块最多可分配目录项的数目
#define DIRECTSIZE_A    30                  // 实际分配目录项长度
#define DIRSIZE         20                  // 目录文件名长度
#define DIRNUM          (10*DIRECTNUM)      // 最大子目录数(i节点可连接10个盘块,每块可放17项）
#define DATASTART       131                 // 数据区开始地址
#define DATANUM         1917                // 数据区块数
#define HASHNUM         10                  //HASH表长度
```

```c
#define DEFAULTMODE     00770               // 默认权限
struct dinode{
    unsigned int     di_uid;              // 拥有该文件的用户
    unsigned char    di_gid;              // 拥有该文件的组 0:ROOT 1:USER
    unsigned int     di_mode;             // 存取权限
    unsigned int     di_addr[ADDRNUM];    // 文件物理地址
    unsigned long    di_size;             // 文件大小
    unsigned short   di_number;           // 文件连接数
    unsigned int     di_creattime;        // 文件创建时间
    unsigned int     di_visittime;        // 最近访问时间
};
struct inode{
    unsigned int     i_ino;               // 磁盘i节点标号
    unsigned short   i_uid;               // 拥有该文件的用户
    unsigned char    i_gid;               // 拥有该文件的组
    unsigned int     i_mode;              // 存取权限
    unsigned int     i_addr[ADDRNUM];     // 文件物理地址
    unsigned long    i_size;              // 文件大小
    unsigned short   i_number;            // 文件连接数
    unsigned int     i_creattime;         // 文件创建时间
    unsigned int     i_visittime;         // 最近访问时间
    unsigned char    i_flag;              // 上锁标记
    unsigned int     i_count;             // 引用计数
    struct  inode    *i_forw;             // 前向指针
    struct  inode    *i_back;             // 后向指针
};
struct superblock{
    unsigned short   s_isize;             //i节点数目
    unsigned long    s_fsize;             // 数据块数目
    unsigned int     s_nfree;             // 空闲盘块数
    unsigned short   s_pfree;             // 空闲块指针
    unsigned int     s_free[bSTACKSIZE];  // 空闲块堆栈
    unsigned int     s_ninode;            // 空闲i节点数
    unsigned short   s_pinode;            // 空闲i节点指针
    unsigned int     s_inode[iSTACKSIZE]; // 空闲i节点堆栈
    unsigned int     s_rinode;            // 铭记i节点
    unsigned char    s_fmod;              // 修改标记(0:未修改,1修改)
};
struct direct{
    char             name[DIRSIZE];       // 目录名
    unsigned int     d_ino;               // 目录对应的i节点号
    unsigned char    dir_flag;            //1:目录;2:文件
};
struct dir{
    struct direct    direct[DIRNUM];      // 目录结构项
    unsigned int     size;                // 目录结构项的数目
```

```c
};
struct psword{
    unsigned int      userid;                  //用户id
    char              username[USERSIZE];      //用户名
    char              password[PWSIZE];        //用户密码
    char              group[GROUPSIZE];        //用户所属组
};
struct psw{
    struct psword     psword[USERNUM];         //用户记录表
    unsigned int      count;                   //用户记录个数
};
struct hinode{
    struct inode      *i_forw;                 //hash表头指针
};

// 全局变量定义如下：
extern struct superblock    superblock;         // 内存中超级块数据
extern FILE                 *fp;                // 磁盘文件指针
extern struct hinode        hinode[HASHNUM];    //HASH表
extern struct psw           thepsw;             //用户表
extern struct direct        cur_direct;         // 当前的目录项
extern struct dir           cur_dir;            // 当前目录的子目录组
extern struct psword        cur_psword;         // 当前用户名密码
extern struct dir           users_dir;          //用户文件表

// 函数定义
// 底层函数，主要操作磁盘文件
extern void                 format();           // 格式化文件系统
extern void                 install();          // 装载文件系统
extern struct dinode iget(int);                 // 根据i节点得到磁盘i节点
extern void           iput(struct dinode,int);  // 将磁盘i节点放入指定的i节点块中
extern int                  ialloc();           // 分配一个i节点，返回i节点号
extern void                 ifree(int);         // 将指定的i节点释放
extern int                  balloc();           // 分配一块磁盘块，返回盘块号
extern void                 bfree(int);         // 将指定的磁盘块释放
extern struct psw           psw_get();          // 读psw信息
extern void                 psw_put(struct psw);// 写thepsw信息
extern void                 psw_read();         // 将psw中的用户信息读入内存thepsw中
extern void                 psw_writeback();    // 将psw写回磁盘
extern struct dir           sub_dir_get(int);   // 根据i节点号，返回目录表
extern void                 sub_dir_put(struct dir,int);
extern void                 users_dir_writeback(); // 是上面函数的一个特例，放回的目录表
是用户目录表
//-------------------------------------------------------------
// 命令功能函数
extern bool                 login(void);                // 登录到文件系统
```

```
extern void         logout(void);                           // 注销用户
extern bool         dir(void);                              // 列出目录
extern bool         cd(char *);                             // 改变目录
extern bool         mkdir(char *);                          // 创建目录
extern bool         del(char *);                            // 删除目录或文件
extern bool         adduser(char *,char *);                 // 增加用户
extern void         deluser(char *);                        // 删除用户
extern bool         shell(void);                            // 命令解析
extern bool         chmod(char *);                          // 改变文件权限
extern bool         pw(void);                               // 修改用户密码
extern bool         creatfile(char *);                      // 创建文件
extern int          edit(char *);                           // 编辑文件
//--------------------------------
// 文件操作函数
extern int          fileopen(char *);                                   // 打开文件
extern bool         fileclose(unsigned int);                            // 关闭文件
extern int          fileread(unsigned int,char *,int);                  // 读文件
extern int          filewrite(unsigned int ,char*,int);                 // 写文件
extern bool         access(unsigned int ,struct dinode );               // 文件访问控制
extern void inithash();
extern void addinode(int);
int delinode(unsigned int );
struct inode* inodesearch(unsigned int);
```

2. main.cpp()   //主函数

```
#include <stdio.h>
#include <iostream.h>
#include <string.h>
#include <stdlib.h>
#include "systemdata.h"
FILE                *fp;                        // 磁盘文件指针
struct superblock   superblock;                 // 内存中超级块数据
struct hinode       hinode[HASHNUM];            //HASH 表
struct psw          thepsw;                     // 用户表
struct direct       cur_direct;                 // 当前的目录项
struct dir          cur_dir;                    // 当前目录的子目录组
struct psword       cur_psword;                 // 当前用户名密码
struct dir          users_dir;                  // 用户文件表
void main()
{
    format();
    if(!(fp=fopen(FILENAME,"r+b")))
    {
            cout<<" 磁盘文件打开出错！！！";
            exit(0);
```

```
        }
        install();
        shell();
        fclose(fp);
}
```

3. install.cpp   //装载文件系统

```
#include <stdio.h>
#include "systemdata.h"
#include "hash.h"
struct superblock sup_get()
{
        struct superblock supb;
        fseek(fp,SUPSTART,SEEK_SET);
        fread(&supb,SUPSIZE,1,fp);
        return (supb);
}
void sup_put(struct superblock supb)
{
        fseek(fp,SUPSTART,SEEK_SET);
        fwrite(&supb,SUPSIZE,1,fp);
}
void install()
{
        struct dir dir;
        superblock=sup_get();
        thepsw=psw_get();
        dir=sub_dir_get(1);
        cur_direct=dir.direct[2];
        cur_dir=sub_dir_get(cur_direct.d_ino);
        users_dir=sub_dir_get(2);
        inithash();
}
```

4. format.cpp   //格式化

```
#include <stdio.h>
#include <iostream.h>
#include <stdlib.h>
#include <malloc.h>
#include <string.h>
#include "systemdata.h"
void format()
{
```

```c
char * buf;
buf=(char *)malloc(DISKSIZE);
if(!(fp=fopen(FILENAME,"w+b")))
        exit(0);

// 开辟1MB大小的文件做磁盘
fwrite(buf,DISKSIZE,1,fp);
fclose(fp);
if(!(fp=fopen(FILENAME,"r+b")))
        exit(0);

// 将1~3号i节点初始化
struct dinode addinode;
addinode.di_addr[0]=106;
addinode.di_addr[1]=0;
addinode.di_gid='r';
addinode.di_uid=0;
addinode.di_size=0;
addinode.di_mode=DEFAULTMODE;
iput(addinode,1);
addinode.di_addr[0]=107;
addinode.di_addr[1]=108;
addinode.di_addr[2]=109;
addinode.di_addr[3]=110;
addinode.di_addr[4]=0;
addinode.di_gid='r';
addinode.di_uid=0;
addinode.di_size=0;
addinode.di_mode=DEFAULTMODE;
iput(addinode,2);
addinode.di_addr[0]=131;
addinode.di_addr[1]=0;
addinode.di_gid='r';
addinode.di_uid=1;
addinode.di_size=0;
addinode.di_mode=DEFAULTMODE;
iput(addinode,3);

// 根目录初始化
struct dir dir;
dir.size=3;
dir.direct[0].d_ino=1;
dir.direct[0].dir_flag='1';
strcpy(dir.direct[0].name,".");
dir.direct[1].d_ino=1;
dir.direct[1].dir_flag='1';
```

```c
strcpy(dir.direct[1].name,"..");
dir.direct[2].d_ino=2;
dir.direct[2].dir_flag='1';
strcpy(dir.direct[2].name,"/");
sub_dir_put(dir,1);

// 主用户文件目录初始化
dir.size=3;
dir.direct[0].d_ino=2;
dir.direct[0].dir_flag='1';
strcpy(dir.direct[0].name,".");
dir.direct[1].d_ino=1;
dir.direct[1].dir_flag='1';
strcpy(dir.direct[1].name,"..");
dir.direct[2].d_ino=3;
dir.direct[2].dir_flag='1';
strcpy(dir.direct[2].name,"root");
sub_dir_put(dir,2);

//root 用户目录初始化
dir.size=2;
dir.direct[0].d_ino=3;
dir.direct[0].dir_flag='1';
strcpy(dir.direct[0].name,".");
dir.direct[1].d_ino=2;
dir.direct[1].dir_flag='1';
strcpy(dir.direct[1].name,"..");
sub_dir_put(dir,3);

//root 用户名密码初始化
struct psword addpsword;
struct psw     addpsw;
addpsword.userid=1;
strcpy(addpsword.username,"root");
strcpy(addpsword.password,"root");
strcpy(addpsword.group,"root");
addpsw.count=1;
addpsw.psword[0] =addpsword;
psw_put(addpsw);

// 超级块初始化
struct superblock initsupblock;
initsupblock.s_isize=500;
initsupblock.s_fsize=DATANUM;
int i,j,begin,end,data[bSTACKSIZE],instack,freenum;
instack=(DATANUM-1) % bSTACKSIZE;         // 在堆栈中的块数
```

```
        freenum=(DATANUM-1) / bSTACKSIZE;        // 存在数据区的组数
        begin=end=DATASTART+1;
        for(i=0;i<instack;i++)
        {
                initsupblock.s_free[i]=end;
                end++;
        }
        for(j=0;j<freenum;j++)
        {
                for(i=0;i<bSTACKSIZE;i++)
                {
                        data[i]=end;
                        end++;
                }
                fseek(fp,begin*BLOCKSIZE,SEEK_SET);
                fwrite(data,sizeof(data),1,fp);
                begin=data[0];
        }
        initsupblock.s_nfree=DATANUM-1;
        initsupblock.s_pfree=instack-1;
        initsupblock.s_ninode=INODENUM-4;
        for(i=0;i<INODENUM-4;i++)
                initsupblock.s_inode[i]=i+4;
        initsupblock.s_pinode=INODENUM-5;
        initsupblock.s_rinode=0;
        initsupblock.s_fmod=0;
        fseek(fp,SUPSTART,SEEK_SET);
        fwrite(&initsupblock,SUPSIZE,1,fp);
        fclose(fp);
}
```

5. shell.cpp   //命令解释

```
#include <stdio.h>
#include <string.h>
#include <iostream.h>
#include <conio.h>
#include "systemdata.h"
#define EXIT 10
#define LOGOUT 9
#define CMDNUM 13
int get_cmd_id(char *cmd)
{
        char *optable[]={"dir","ls","cd","mkdir","del","adduser","deluser",
"creat","edit","chmod","pw","logout","exit"};
        int i,flag=0;
```

```
            for(i=0;i<CMDNUM;i++)
            {
                    if(!strcmp(cmd,optable[i]))
                    {
                            flag=1;
                            break;
                    }
            }
            if(flag)
                    return i;
            else
            {
                    cout<<"没有这个命令!!!"<<endl;
                    return -1;
            }
}
int docmd(char *cmd)
{
        int opp=0,parp=0,cmd_id;
        char op[20],par[20];
        while(*cmd=='')
                cmd++;
        while(*cmd!=' ' && *cmd!='\0')
        {
                op[opp]=*cmd;
                cmd++;
                opp++;
        }
        op[opp]='\0';
        while(*cmd==' ')
                cmd++;
        while(*cmd!='\0')
        {
                par[parp]=*cmd;
                cmd++;
                parp++;
        }
        par[parp]='\0';
        cmd_id=get_cmd_id(op);
        switch(cmd_id)
        {
                case 0:
                case 1: dir();break;
                case 2: cd(par);break;
                case 3: mkdir(par);break;
                case 4: del(par);break;
```

```cpp
                    case 5: adduser(par,"user");break;
                    case 6: deluser(par);break;
                    case 7: creatfile(par);break;
                    case 8: edit(par);break;
                    case 9: chmod(par);break;
                    case 10: pw();break;
                    case 11: printf("用户已注销!!!\n");return LOGOUT;
                    case 12: cout<<"已退出文件系统!!!\n"; return EXIT;
                    default: return 0;
            }
        return 1;
}
void printinfor()
{
        printf("\t|----------------------------------------------------|\n");
        printf("\t|                                                    |\n");
        printf("\t|                   文件系统(VFS)实例                 |\n");
        printf("\t|                                                    |\n");
        printf("\t|----------------------------------------------------|\n\n");
}
bool shell()
{
        char cmd[20];
        int result;
        start:
                printinfor();
                while(!login());
                do
                {
                        printf("[%s @ localhost %s]",cur_psword.username, cur_direct.name);
                        gets(cmd);
                        result=docmd(cmd);
                }while (result!=LOGOUT && result!=EXIT);
                if(result==LOGOUT)
                        goto start;
        return true;
}
```

6. user.cpp   //用户管理：添加用户、删除用户

```cpp
#include <stdio.h>
#include <string.h>
#include <iostream.h>
#include <conio.h>
#include <stdlib.h>
```

```c
#include "systemdata.h"
unsigned int generateid()
{
    unsigned int i,id,temp=0;
    for(i=0;i<thepsw.count;i++)
    if(temp<thepsw.psword[i].userid)
        temp=thepsw.psword[i].userid;
    id=temp+1;
    return id;
}
bool adduser(char name[],char group[])
{
    unsigned int i;
    int j;
    if(strcmp(cur_psword.username,"root"))  //当前目录项假如是根目录,则添加用户
    {
        printf("您不能添加新用户,只有root才有添加用户的权限!\n");
        return false;
    }
    if(!strcmp(name,"root"))
    {
        printf("不能添加root用户!\n");
        return false;
    }
    for(i=0;i<thepsw.count;i++)
    {
        if(!strcmp(thepsw.psword[i].username,name))
        {
            printf("该用户已存在!\n");
            return false;
        }
    }
    char pwd[20],passwordok[20];
    printf("密码: ");
    for(int z=0;(pwd[z]=getch())!='\r';z++)
        putch('*');
    pwd[z]='\0';
    putch('\n');
    printf("重新输入一次:");
    for(z=0;(passwordok[z]=getch())!='\r';z++)
        putch('*');
    passwordok[z]='\0';
    putch('\n');
    if(strcmp(pwd,passwordok))
    {
        printf("两次输入密码不一样,添加用户失败!!!\n");
```

```
        return false;
}

unsigned  int userid;
userid=generateid();//产生用户id
j=thepsw.count;
thepsw.count+=1;
thepsw.psword[j].userid=userid;
strcpy(thepsw.psword[j].username,name);
strcpy(thepsw.psword[j].password,pwd);
strcpy(thepsw.psword[j].group,group);//在thepsw中添加新的用户内容

int ni,nb;
ni=ialloc();
nb=balloc();//分配一个i节点和一个磁盘块
struct dinode di_new;
di_new=iget(ni);
di_new.di_uid=userid;
di_new.di_gid='0';
di_new.di_mode=DEFAULTMODE;
di_new.di_addr[0]=nb;
di_new.di_addr[1]=0;
di_new.di_size=0;
di_new.di_number=0;
di_new.di_creattime=0;
di_new.di_visittime=0;//初始化磁盘i节点
j=users_dir.size;
strcpy(users_dir.direct[j].name,name);
users_dir.direct[j].dir_flag='1';
users_dir.direct[j].d_ino=ni;
users_dir.size++;
if(!strcmp(cur_direct.name,"/"))
        cur_dir=users_dir;
struct dir buf_dir;
buf_dir.size=2;
strcpy(buf_dir.direct[0].name,".");
buf_dir.direct[0].d_ino=ni;
buf_dir.direct[0].dir_flag='1';
strcpy(buf_dir.direct[1].name,"..");
buf_dir.direct[1].d_ino=2;
buf_dir.direct[1].dir_flag='1';
psw_writeback();
sub_dir_put(users_dir,2);
iput(di_new,ni);
sub_dir_put(buf_dir,ni);  // 将目录表放回指定的i节点子目录
printf("成功添加了新用户!\n");
```

```cpp
        return true;
}
void deluser(char name[])
{
        if(strcmp(cur_psword.username,"root"))
                printf(" 您没有删除用户的权限，只有 root 才能删除用户！\n");
        else
        {
                if(!strcmp(name,"root"))
                        printf(" 不能删除 root 用户！\n");
                else
                {
                        char yes_or_no;
                        cout<<" 的确要删除此用户吗？(Y/N):";
                        cin>>yes_or_no;
                        if(yes_or_no=='Y' || yes_or_no=='y')
                        {
                                unsigned int i;
                                int flag=0;
                                for(i=0;i<thepsw.count;i++)
                                if(!strcmp(thepsw.psword[i].username,name))
                                {
                                        flag=1;
                                        break;
                                }
                                if(!flag)
                                        printf(" 该用户不存在！\n");
                                else
                                {
                                        unsigned int j,ni;
                                        struct dir new_dir;
                                        for(j=0;j<cur_dir.size;j++)
                                        if(!strcmp(users_dir.direct[j].name, name))
                                        {
                                                ni=users_dir.direct[j].d_ino;
                                                new_dir=sub_dir_get(ni);
                                                break;
                                        }
                                        if(new_dir.size>2)
                                                printf(" 用户目录非空,无法删除！\n");
                                        else
                                        {
                                                struct dinode node;
                                                node=iget(ni);
                                                int k=0;
                                                while(node.di_addr[k]>0 && k<10)
```

```
                                                    {
                                                            bfree(node.di_addr[k]);
                                                            k++;
                                                    }
                                                    ifree(ni);
                                                    users_dir.size--;
                                                    users_dir.direct[j]= users_dir.
direct[users_dir.size];

                                                    sub_dir_put(users_dir,2);
                                                    if(!strcmp(cur_direct.name, "/"))
                                                            cur_dir=users_dir;
                                                    thepsw.count--;
                                                    thepsw.psword[i]=
thepsw.psword[thepsw.count];

                                                    psw_put(thepsw);
                                                    printf("成功删除了一个用户\n");
                                            }
                                    }
                            }
                    }
            }
}
```

7. login_out.cpp   //用户登录

```
#include <stdio.h>
#include <string.h>
#include <conio.h>
#include "systemdata.h"
bool login()
{
        unsigned int no,i,k;
        int flag=0;
        char username[USERSIZE],password[PWSIZE];
        printf("用户名: ");
        gets(username);
        for(i=0;i<thepsw.count;i++)
        if(!strcmp(thepsw.psword[i].username,username))
        {
                flag=1;
                no=i;
                break;
        }
        if(!flag)
        {
                printf("该用户不存在!\n");
```

```
                return false;
        }
        else
        {
                printf("密码: ");
                gets(password);
                for(int z=0;(password[z]=getch())!='\r';z++) putch('*');
                password[z]='\0';
                putch('\n');
                if(strcmp(thepsw.psword[no].password,password))
                {
                        printf("用户名和密码不匹配!\n");
                        return false;
                }
                else
                {
                        strcpy(cur_psword.group,thepsw.psword[no].group);
                        strcpy(cur_psword.username, thepsw.psword[no].username);
                        strcpy(cur_psword.password, thepsw.psword[no].password);
                        cur_psword.userid=thepsw.psword[no].userid;
                        for(k=0;k<cur_dir.size;k++)
                        {
                                if(!strcmp(cur_dir.direct[k].name,username))
                                {
                                        cur_direct=cur_dir.direct[k];
                                        cur_dir=sub_dir_get(cur_dir.direct[k].d_ino);
                                        break;
                                }
                        }
                        puts("<恭喜,你已经成功登录>");
                        return true;
                }
        }
}
```

8. pw.cpp   //修改用户密码

```
#include <stdio.h>
#include <conio.h>
#include <string.h>
#include "systemdata.h"
bool pw()
{
        unsigned int i,flag=0;
        char password[PWSIZE],passwordok[PWSIZE];
        printf("新密码: ");
```

```
            for(int z=0;(password[z]=getch())!='\r';z++)
                    putch('*');
            password[z]='\0';
            putch('\n');
            printf("重新输入一次:");
            for(z=0;(passwordok[z]=getch())!='\r';z++)
                  putch('*');
            passwordok[z]='\0';
            putch('\n');
            if(strcmp(password,passwordok))
            {
                    printf("两次输入密码不一样，修改失败！！！\n");
                    return false;
            }
            for(i=0;i<thepsw.count;i++)
            {
                if(!strcmp(thepsw.psword[i].username,cur_psword.username))
                {
                        flag=1;
                        break;
                }
            }
            if(!flag)
            {
                    printf("用户没有登录！！！\n");
                    return false;
            }
            strcpy(thepsw.psword[i].password,password);
            psw_writeback();
            printf("密码修改成功！！！\n");
            return true;
    }
```

9. psw_putget.cpp   //读出和写回用户信息表

```
#include <stdio.h>
#include "systemdata.h"
struct psw psw_get()
{
        int i,cout;
        struct psw newpsw;
        fseek(fp,PSWORDSTART,SEEK_SET);
        fread(&cout,sizeof(cout),1,fp);
        newpsw.count=cout;
        for(i=0;i<cout;i++)
        {
```

```
                fseek(fp,PSWORDSTART+(i+1)*PSWORDSIZE,SEEK_SET);
                fread(&newpsw.psword[i],PSWORDSIZE,1,fp);
        }
        return (newpsw);
}
void psw_put(struct psw addpsw)
{
        int i,cout;
        cout=addpsw.count;
        fseek(fp,PSWORDSTART,SEEK_SET);
        fwrite(&cout,sizeof(cout),1,fp);
        for(i=0;i<cout;i++)
        {
            fseek(fp,PSWORDSTART+(i+1)*PSWORDSIZE,SEEK_SET);
            fwrite(&addpsw.psword[i],PSWORDSIZE,1,fp);
        }
}
void psw_writeback()
{
        psw_put(thepsw);
}
void psw_read()
{
        thepsw=psw_get();
}
```

10. mkdir_del.cpp   //建立和删除目录

```cpp
#include <stdio.h>
#include <iostream.h>
#include <string.h>
#include <stdlib.h>
#include "systemdata.h"
bool mkdir(char *dirname)
{
        int flag=0,newp,newdinode;
        unsigned int i;
        struct dinode node;
        struct dir dir;
        // 根目录下不能建新目录
        if(!strcmp(cur_direct.name,"/"))
        {
                printf(" 你不能随便在 / 目录下建目录 !!!\n");
                return false;
        }
        // 检查是否在自己的目录下，否则不能建立目录
```

```
            struct dinode dd_i;
            dd_i=iget(cur_direct.d_ino);
            if(dd_i.di_uid!=cur_psword.userid && strcmp(cur_psword.group, "root"))
            {
                    printf("这不是你的家目录,你没有权限建立目录!!!\n");
                    return false;
            }
            // 检查重名
            for(i=0;i<cur_dir.size;i++)
            {
                if(!strcmp(dirname,cur_dir.direct[i].name) && cur_dir.direct[i].dir_flag=='1')
                    {
                            flag=1;
                            break;
                    }
            }
            if(flag)
            {
                    puts("存在重名目录,请换一个名字!!!");
                    return false;
            }
            // 分配i节点建立目录
            newdinode=ialloc();
            if(!newdinode)
            {
                    puts("i节点分配失败!!!");
                    return false;
            }
            newp=cur_dir.size;
            cur_dir.size++;
            strcpy(cur_dir.direct[newp].name,dirname);
            cur_dir.direct[newp].dir_flag='1';
            cur_dir.direct[newp].d_ino=newdinode;
            node=iget(newdinode);
            node.di_gid='1';
            node.di_mode=DEFAULTMODE;
            node.di_size=0;
            node.di_uid=cur_psword.userid;
            iput(node,newdinode);
            dir.size=2;
            strcpy(dir.direct[0].name,".");
            dir.direct[0].dir_flag='1';
            dir.direct[0].d_ino=newdinode;
            strcpy(dir.direct[1].name,"..");
            dir.direct[1].dir_flag='1';
```

```
            dir.direct[1].d_ino=cur_direct.d_ino;
            sub_dir_put(dir,newdinode);                    // 将子目录表写回
            sub_dir_put(cur_dir,cur_direct.d_ino);         // 将当前目录表写回
            return true;
}
bool del(char *dirname)
{
        unsigned i;
        int flag=0;
        if(!strcmp(cur_direct.name,"/"))
        {
                printf(" 用户目录不能随便删除！！！\n");
                return false;
        }
        // 检查是否在自己的目录下，否则不能删除目录
        struct dinode dd_i;
        dd_i=iget(cur_direct.d_ino);
        if(dd_i.di_uid!=cur_psword.userid && strcmp(cur_psword.group, "root"))
        {
                printf(" 这不是你的家目录，你没有权限删除文件或目录！！！\n");
                return false;
        }
        // 检查是否存在该文件或目录
        for(i=0;i<cur_dir.size;i++)
        {
                if(!strcmp(dirname,cur_dir.direct[i].name))
                {
                        flag=1;
                        break;
                }
        }
        if(!flag)
        {
                printf(" 没有你想要删除的文件！！！\n");
                return false;
        }
        // . 和 .. 目录不能删除
        if(!strcmp(dirname,".") || !strcmp(dirname,".."))
        {
                printf(" 不能删除此目录！！！\n");
                return false;
        }
        struct dinode node;
        unsigned id,j=0;
        char yes_or_no;
```

```cpp
            if(cur_dir.direct[i].dir_flag=='2')            // 如果是文件则作相应处理
            {
                    cout<<"的确要删除此文件吗？(Y/N):";
                    cin>>yes_or_no;
                    if(yes_or_no=='Y' || yes_or_no=='y')
                    {
                            id=cur_dir.direct[i].d_ino;
                            node=iget(id);
                            while(node.di_addr[j]>0 && j<10)
                            {
                                    bfree(node.di_addr[j]);
                                    j++;
                            }
                            ifree(id);
                            cur_dir.size--;
                            cur_dir.direct[i]=cur_dir.direct[cur_dir.size];
                            sub_dir_put(cur_dir,cur_direct.d_ino);
                            return true;
                    }
            }
            else if(cur_dir.direct[i].dir_flag=='1')         // 是目录
            {
                    id=cur_dir.direct[i].d_ino;
                    struct dir dir;
                    dir=sub_dir_get(id);
                    if(dir.size>2)      // 有子目录，因为已经存在.和..目录,所以要大于2
                    {
                            puts("文件有子目录不能删除，请先删除子目录！！！");
                            return false;
                    }
                    cout<<"的确要删除此文件吗？(Y/N):";
                    cin>>yes_or_no;
                    if(yes_or_no=='Y' || yes_or_no=='y')
                    {
                            node=iget(id);
                            bfree(node.di_addr[0]);
                            cur_dir.size--;
                            cur_dir.direct[i]=cur_dir.direct[cur_dir.size];
                            sub_dir_put(cur_dir,cur_direct.d_ino);   // 将新的文件目录写回
                            return true;
                    }
            }
    }
    return false;
}
```

11. i_alloc_free.cpp   //分配和回收i节点

```cpp
#include <stdio.h>
#include <iostream.h>
#include <stdlib.h>
#include "systemdata.h"
int ialloc()
{
    int ninode;
    struct superblock getblock;
    fseek(fp,SUPSTART,SEEK_SET);
    fread(&getblock,SUPSIZE,1,fp);
    if(getblock.s_ninode<=0)
    {
        cout<<"没有空闲i节点,请修改程序!!! ";
        return 0;
    }
    getblock.s_ninode--;
    ninode=getblock.s_inode[getblock.s_pinode--];
    fseek(fp,SUPSTART,SEEK_SET);
    fwrite(&getblock,SUPSIZE,1,fp);
    struct dinode node;
    for(int i=0;i<ADDRNUM;i++)
        node.di_addr[i]=0;
    iput(node,ninode);                  // 将新分配的i节点addr[]初始化为0
    return (ninode);
}
void ifree(int i)
{
    struct superblock getblock;
    fseek(fp,SUPSTART,SEEK_SET);
    fread(&getblock,SUPSIZE,1,fp);
    if(getblock.s_ninode>=500)
    {
        cout<<"系统错误:i节点回收出错,请修改程序!!! ";
        exit(0);
    }
    getblock.s_ninode++;
    getblock.s_inode[++getblock.s_pinode]=i;
    fseek(fp,SUPSTART,SEEK_SET);
    fwrite(&getblock,SUPSIZE,1,fp);
}
```

12. i_getput.cpp　　//读出和写回指定i节点内容

```cpp
#include <stdio.h>
#include "systemdata.h"
struct dinode iget(int id)
{
        struct dinode newdinode;
        fseek(fp,long(INODESTART+id*INODESIZE),SEEK_SET);
        fread(&newdinode,INODESIZE,1,fp);
        return (newdinode);
}
void iput(struct dinode node,int id)
{
        fseek(fp,long(INODESTART+id*INODESIZE),SEEK_SET);
        fwrite(&node,INODESIZE,1,fp);
}
```

13. hash.cpp　　//hash表的相关操作

```cpp
#include "stdio.h"
#include "systemdata.h:
#include "malloc.h"
void inithash()
{
        int i;
        struct inode i_node;
        struct inode *pi_node;
        i_node.i_ino =0;
        i_node.i_forw =NULL;
        i_node.i_back =NULL;
        for(i=0;i<HASHNUM;i++)
        {
                pi_node=(struct inode*)malloc(sizeof(struct inode));
                *pi_node=i_node;
                hinode[i].i_forw=pi_node;
        }                //10 linklist head
}
void addinode(int n)
{
        int i=n%10;
        int k=0,nbuf;
        struct inode *i_node=(inode *)malloc(sizeof(struct inode));
        struct inode *pi_node=hinode[i].i_forw;
        struct dinode di_node;
        di_node=iget(n);
```

```c
            while((nbuf=di_node.di_addr [k])!=0)
            {
                    i_node->i_addr [k]=nbuf;
                    k++;
            }
            i_node->i_ino =n;
            i_node->i_addr [k]=0;
            i_node->i_back =NULL;
            i_node->i_count=1;
            i_node->i_creattime =di_node.di_creattime ;
            i_node->i_flag =0;
            i_node->i_forw =NULL;
            i_node->i_gid =di_node.di_gid;
            i_node->i_mode =di_node.di_mode ;
            i_node->i_number =di_node.di_number;
            i_node->i_size =di_node.di_size ;
            i_node->i_uid =di_node.di_uid ;
            i_node->i_visittime =di_node.di_visittime ;
                    pi_node=hinode[i].i_forw ;
            while(pi_node->i_forw !=NULL)
            {
                    pi_node=pi_node->i_forw;
            }
            pi_node->i_forw =i_node;
            i_node->i_back =pi_node;
}
int  delinode(unsigned int n)
{
        int i;
        i=n%10;
        struct inode* pinode;
        struct inode* ppinode;
        pinode=hinode[i].i_forw ;
        ppinode=pinode;
        while(pinode!=NULL&&pinode->i_ino!=n)
        {
                ppinode=pinode;
                pinode=pinode->i_forw;
        }
        if(pinode==NULL)
        {
                printf("该文件已经关闭！\n");
                return -1;
        }
        ppinode->i_forw =pinode->i_forw ;
        free(pinode);
```

```cpp
                return n;
}
struct inode* inodesearch(unsigned int n)
{
        int i;
        i=n%10;
        struct inode* pinode;
        pinode=hinode[i].i_forw ;
        while(pinode!=NULL&&pinode->i_ino!=n)
        {
                pinode=pinode->i_forw;
        }
        if(pinode==NULL)
        {
                return NULL;
        }
        else
                return pinode;
}
```

14．dir_putget.cpp   //读出、写入目录项

```cpp
#include <stdio.h>
#include <iostream.h>
#include "systemdata.h"
struct dir sub_dir_get(int id)
{
        int i,j,count;
        struct dinode node;
        struct dir dir;
        dir.size=0;
        node=iget(id);
        for(i=0;i<10 && node.di_addr[i]>0;i++)
        {
                // 读出这一块存放的目录项数
                fseek(fp,node.di_addr[i]*BLOCKSIZE,SEEK_SET);
                fread(&count,sizeof(count),1,fp);

                // 读出目录项
                for(j=1;j<=count;j++)
                {
                    fseek(fp,node.di_addr[i]*BLOCKSIZE+j*DIRECTSIZE_A,SEEK_SET);
                            fread(&dir.direct[dir.size],DIRECTSIZE,1,fp);
                            dir.size++;          // 读出一项则计数加一
                }
```

```
        }
        return (dir);
}
void sub_dir_put(struct dir dir,int id)
{
        int i,j,p=0,arraynum,left,directnum;
        struct dinode node;
        node=iget(id);
        directnum=DIRECTNUM;                    // 每块磁盘块能存放的目录项数目
        arraynum=dir.size / DIRECTNUM;          //dir 中目录项需要几块整块的磁盘块
        left=dir.size % DIRECTNUM;              // 零头项的数目
        // 完整块的存放（这些块都是放满的）
        for(i=0;i<arraynum;i++)
        {
                if(node.di_addr[i]==0) node.di_addr[i]=balloc();
// 没有盘块则分配一块
                // 将这一块的目录项数写入
                fseek(fp,node.di_addr[i]*BLOCKSIZE,SEEK_SET);
                fwrite(&directnum,sizeof(directnum),1,fp);
                // 写入目录项
                for(j=1;j<=directnum;j++,p++)
                {
                        fseek(fp,node.di_addr[i]*BLOCKSIZE+ j*DIRECTSIZE_A,SEEK_SET);
                        fwrite(&dir.direct[p],DIRECTSIZE,1,fp);
                }
        }
        // 以下保存零头项
        if(node.di_addr[i]==0)
                node.di_addr[i]=balloc();        // 没有盘块则分配
        // 写入零头项数目
        fseek(fp,node.di_addr[i]*BLOCKSIZE,SEEK_SET);
        fwrite(&left,sizeof(left),1,fp);
        // 保存零头项
        for(j=1;j<=left;j++,p++)
        {
                fseek(fp,node.di_addr[i]*BLOCKSIZE+j*DIRECTSIZE_A, SEEK_SET);
                fwrite(&dir.direct[p],DIRECTSIZE,1,fp);
        }
        // 以下将没有用到的磁盘块释放
        i++;
        while(i<10)
        {
                if(node.di_addr[i])
                {
                        bfree(node.di_addr[i]);
```

```
                            node.di_addr[i]=0;
                }
                i++;
        }
        iput(node,id);
}
void sub_dir_writeback(struct dir dir,int id)
{
        sub_dir_put(dir,id);
}
```

15. dir_cd.cpp   //改变路径,进入目录

```
#include <stdio.h>
#include <iostream.h>
#include <string.h>
#include <stdlib.h>
#include "systemdata.h"
bool dir(void)
{
    unsigned int i,j,one,di_mode;
    struct dinode node;
    if(cur_direct.dir_flag!='1')
    {
            cout<<"此文件不是目录文件!!!"<<endl;
            return false;
    }
    for(i=0;i<cur_dir.size;i++)
    {
            //列出文件名或目录名
            if(cur_dir.direct[i].dir_flag=='1')
                    cout<<"["<<cur_dir.direct[i].name<<"]\t\t";
            else
                    cout<<cur_dir.direct[i].name<<"\t\t";
            node=iget(cur_dir.direct[i].d_ino);      //得到相应的i节点,
以便得到详细信息
            //显示存取权限
            di_mode=node.di_mode;
            char buf[9];
            for(j=0;j<9;j++)
            {
                    one=di_mode%2;
                    di_mode=di_mode/2;
                    if(one)
                            buf[j]='x';
                    else
```

```cpp
                                buf[j]='-';
                }
                for(int p=8;p>=0;p--)
                        cout<<buf[p];
                cout<<"\t";
                // 如果是文件则列出大小
                if(cur_dir.direct[i].dir_flag=='1')
                        cout<<"<direct>\t\t";
                else
                {
                        cout<<node.di_size<<"\t\t";
                }
                // 列出文件，目录的创建者名字
                for(unsigned int c=0;c<thepsw.count;c++)
                {
                        if(thepsw.psword[c].userid==node.di_uid)
                                cout<<thepsw.psword[c].username<<"\t\t";
                }
                cout<<endl;
        }
        return true;
}
bool cd(char * cmdname)
{
        struct dinode node;
        struct dir dir;
        int flag=0;
        unsigned int i,j,id;
        for(i=0;i<cur_dir.size;i++)
        {
                if(!strcmp(cmdname,cur_dir.direct[i].name))
                {
                        flag=1;
                        break;
                }
        }
        if(flag)
        {
                if(cur_dir.direct[i].dir_flag==' 2')
                {
                        cout<<" 这不是目录！！！"<<endl;
                        return false;
                }
                // 如果 cur_dir 是主用户目录文件，则作特殊处理
                // 全局变量都保持不变
                if(cur_dir.direct[i].d_ino==1)
```

```
                        return true;
                //cur-dir 不是用户目录，则根据目录关系建立新的状态
                node=iget(cur_dir.direct[i].d_ino);
                id=cur_dir.direct[i].d_ino;
                cur_dir=sub_dir_get(id);
                dir=sub_dir_get(cur_dir.direct[1].d_ino);
                for(j=0;j<dir.size;j++)
                {
                        if(dir.direct[j].d_ino==id)
                                break;
                }
                cur_direct=dir.direct[j];
                return true;
        }
        else
        {
                cout<<" 此文件不是目录文件或不存在此目录！！！"<<endl;
            return false;
        }
}
```

16. file.cpp   //文件操作

```
#include "stdio.h"
#include "systemdata.h"
#include "string.h"
#include "hash.h"
bool creatfile(char filename[])
{
        int filenum=cur_dir.size;
        int i,ni;
        struct dinode d_i;
        struct dinode dd_i;
        dd_i=iget(cur_direct.d_ino);
        if(strcmp(cur_direct.name,"/")==0)
        {
                printf("can not creat file here\n");
                return false;
        }
        for(i=0;i<filenum;i++)
        {
                if(cur_dir.direct[i].dir_flag =='2' && strcmp(cur_dir.direct[i].name,filename)==0)
                {
                        printf("file already exist\n");
                        return false;
```

```
            }
        }
        if(dd_i.di_uid !=cur_psword.userid && strcmp(cur_psword.
group ,"root")!=0)
        {
                printf(" 你无权在其他用户中创建文件 \n");
                return false;
        }
        ni=ialloc();
        cur_dir.direct[filenum].d_ino =ni;
        cur_dir.direct[filenum].dir_flag ='2';
        strcpy(cur_dir.direct [filenum].name ,filename);
        cur_dir.size++;
        d_i=iget(ni);
        d_i.di_addr [0]=0;
        d_i.di_creattime =0;
        d_i.di_gid =(strcmp(cur_psword.group,"root")==0)?'0':'1';
        d_i.di_mode =DEFAULTMODE;
        d_i.di_number =0;
        d_i.di_size =0;
        d_i.di_uid =cur_psword.userid ;
        d_i.di_visittime =0;
        iput(d_i,ni);
        sub_dir_put(cur_dir,cur_direct.d_ino );     // 当前目录回写
        return true ;
}
bool access(unsigned int m,struct dinode di_node)
{
        int mode=di_node.di_mode ;
        int j,one;
        int buf[9];
        for(j=0;j<9;j++)
        {
                one=mode % 2;
                mode=mode / 2;
                if(one)
                        buf[j]=1;
                else
                        buf[j]=0;
        }
        if(buf[3+m])
                return true;
        else
                return false;
}
int fileopen(char filename[])
```

```
{
        int i,filenum;
        unsigned int n_di;
        struct dinode di_node;
        filenum=cur_dir.size ;
        for(i=0;i<filenum;i++)
        {
                if(cur_dir.direct[i].dir_flag=='2' && strcmp(cur_dir.
direct[i].name,filename)==0)
                break;
        }
        if(i==filenum)
        {
                printf(" 没有这个文件 \n");
                return -1;
        }
        n_di=cur_dir.direct[i].d_ino;    //find dinode number
        di_node=iget(n_di);
        if(strcmp(cur_psword.group,"root")!=0 && cur_psword.userid!=
di_node.di_uid )    //not root or owner
        {
                if(access(0,di_node)==false)
                {
                        printf(" 你没有权限打开 \n");
                        return -1;                           // 没有权限
                }
        }
        if(inodesearch(n_di)==NULL)      //hash 表中不存在
        {
                addinode(n_di);
                return n_di;
        }
        printf(" 文件已经打开 \n");
        return -1;
}
bool fileclose(unsigned int dinode)
{
        int flag;
        flag=delinode(dinode);
        if(flag==-1)
                return false;
        return true;
}
int filewrite(unsigned int dinode,char *buf,int size)
{
        int i,j;
```

```
            struct inode* i_node;
            struct dinode di_node;
            di_node=iget(dinode);
            if(strcmp(cur_psword.group,"root")!=0 && cur_psword.userid!=di_
node.di_uid )    //not root or owner
            {
                    if(access(2,di_node)==false)
                    {
                            printf(" 没有权限写 \n");
                            return -1;                      // 没有权限
                    }
            }
            i_node=inodesearch(dinode);
            if(i_node==NULL)       //hash 表中不存在.
            {
                    printf(" 文件没打开 \n");
                    return -1;               // 文件没打开.
            }
            else
            {
                    for(i=0;i<size/512&&i<ADDRNUM;i++)
                    {
                            j=balloc();
                            fseek(fp,(long)(fp+512*j),SEEK_SET);
                            fwrite((buf+i*512),1,512,fp);
                            i_node->i_addr[i]=j;
                            di_node.di_addr[i]=j;
                    }            // 整块     j 为块号
                    if(i==ADDRNUM)
                            return 512*ADDRNUM;             // 文件太大，剪断
                    j=balloc();
                    fseek(fp,(long)(512*j),SEEK_SET);
                    fwrite((buf+i*512),1,size%512,fp);
                    i_node->i_addr[i]=j;
                    di_node.di_addr[i]=j;
                    i++;
                    i_node->i_addr[i]=0;
                    di_node.di_addr[i]=0;                   // 零头
            }                 // 分配磁盘块，给 inode->addr,dinode.addr 赋值
            i_node->i_size=size;
            i_node->i_count=1;
            i_node->i_flag =0;
            i_node->i_number =1;
            i_node->i_visittime =0;
            di_node.di_number=1;
            di_node.di_size=size;
```

```c
        di_node.di_visittime=0;
        iput(di_node,dinode);
        return size;
}
int fileread(unsigned int dinode,char *buf,int size)
{
        int i,j;
        struct inode* i_node;
        struct dinode di_node;
        di_node=iget(dinode);
     if(strcmp(cur_psword.group,"root")!=0 && cur_psword.userid!=di_
node.di_uid)    //not root or owner
          {
                if(access(1,di_node)==false)
                {
                        printf(" 没有权限读 \n");
                        return -1;                      // 没有权限
                }
          }
        i_node=inodesearch(dinode);
        if(i_node==NULL)       //hash 表中不存在
        {
            printf(" 文件没打开 \n");
            return -1;            // 文件没打开
        }
        else
        {
                if(i_node->i_size ==0)
                {
                        printf(" 该文件为空 \n");
                        return -1;
                }
                for(i=0;i<size/512;i++)
                {
                        j=i_node->i_addr[i];
                        fseek(fp,(long)(512*j),SEEK_SET);
                        fread((buf+i*512),1,512,fp);
                }                                       // 整块   j 为块号
                j=i_node->i_addr [i];
                fseek(fp,(long)(512*j),SEEK_SET);
                fread((buf+i*512),1,size%512,fp);    // 零头
        }
        di_node.di_visittime =0;
        iput(di_node,dinode);
        i_node->i_visittime=0;
        return size;
}
```

17. chmod.cpp   //修改文件权限

```cpp
#include <stdio.h>
#include <iostream.h>
#include <string.h>
#include "systemdata.h"
bool chmod(char * filename)
{
        unsigned int i,flag=0;
        // 检查是否在自己的目录下，否则不能改变文件权限
        struct dinode dd_i;
        dd_i=iget(cur_direct.d_ino);
        if(dd_i.di_uid!=cur_psword.userid &&
strcmp(cur_psword.group,"root"))
        {
                printf(" 这不是你的家目录，你不能改变文件权限！！！\n");
                return false;
        }
        // 查看该目录下是否有该文件
        for(i=0;i<cur_dir.size;i++)
        {
                if(!strcmp(filename,cur_dir.direct[i].name))
                {
                        flag=1;
                        break;
                }
        }
        if(!flag)
        {
                cout<<" 该目录下找不到该文件！！！"<<endl;
                return false;
        }
        if(cur_dir.direct[i].dir_flag=='1')
        {
                cout<<" 目录不能改变权限！！！"<<endl;
                return false;
        }
        int newmod;
        printf(" 请输入新权限:");
        scanf("%o",&newmod);
        getchar();
        struct dinode sub_i;
        sub_i=iget(cur_dir.direct[i].d_ino);
        sub_i.di_mode=newmod;
        iput(sub_i,cur_dir.direct[i].d_ino);
        return true;
}
```

18．b_alloc_free.cpp   //分配和回收磁盘块

```cpp
#include <stdio.h>
#include <iostream.h>
#include <stdlib.h>
#include "systemdata.h"
int balloc()
{
        struct superblock block;
        int addr,bindex[bSTACKSIZE];
        fseek(fp,SUPSTART,SEEK_SET);
        fread(&block,SUPSIZE,1,fp);                     // 读出超级块内容
        if(block.s_nfree<=0)
        {
                cout<<" 已没有空闲盘块可分配！！！";
                return 0;
        }
        if(block.s_pfree==0 && block.s_nfree>bSTACKSIZE)
// 判断堆栈中空闲块是否分配完
        {
                addr=block.s_free[0];           // 将堆栈底块号读出，为被分配块号
                fseek(fp,addr*BLOCKSIZE,SEEK_SET);
                fread(bindex,sizeof(bindex),1,fp);
                for(int i=0;i<bSTACKSIZE;i++)
                        block.s_free[i]=bindex[i];      // 将 addr 块中的数据
读出，并存入堆栈
                block.s_pfree=bSTACKSIZE-1;         // 堆栈指针指向满的位置
        }
        else // 堆栈中可以直接分配
        {
                addr=block.s_free[block.s_pfree];
                block.s_nfree--;
                block.s_pfree--;
        }
        fseek(fp,SUPSTART,SEEK_SET);
        fwrite(&block,SUPSIZE,1,fp);                    // 将超级块写回磁盘文件
        return addr;
}
void bfree(int id)
{
        struct superblock block;
        int bindex[bSTACKSIZE];
        fseek(fp,SUPSTART,SEEK_SET);
        fread(&block,SUPSIZE,1,fp);
```

```
            if(block.s_pfree>=bSTACKSIZE-1)                // 堆栈已经放满
            {
                    for(int i=0;i<bSTACKSIZE-1;i++)
                    {
                            bindex[i]=block.s_free[i];
                    }
                    fseek(fp,DATASTART+id*BLOCKSIZE,SEEK_SET);
                    fwrite(&bindex,sizeof(bindex),1,fp);
                    block.s_nfree++;
                    block.s_pfree=0;                        // 堆栈指针指向堆栈底
                    block.s_free[0]=id;
            }
            else    // 直接释放
            {
                    block.s_nfree++;
                    block.s_pfree++;
                    block.s_free[block.s_pfree]=id;
            }
            fseek(fp,SUPSTART,SEEK_SET);
            fwrite(&block,SUPSIZE,1,fp);                    // 将超级块写回磁盘文件
}
```

19. sedit.cpp   //一个简单的编辑器,实现输入读出功能

```
#include <stdio.h>
#include <malloc.h>
#include <string.h>
#include "systemdata.h"
int size(char *ch)
{
        int i=0;
        while(ch[i]!='\0')
        {
            i++;
        }
        return ++i;
}
char *input()
{
        int k=0,j=0,i=1;
        char *buf=(char*)malloc(1024*i);
        char ch[512];
        while(ch[j]!='$')
        {
                gets(ch);
                j=0;
```

```c
                while(ch[j]!='\0'&&ch[j]!='$')
                {
                        buf[k++]=ch[j++];
                }
                buf[k++]='\n';
                buf[k]='\0';
                if(size(buf)>=1024*i-512)
                {
                        i++;
                        buf=(char *)realloc(buf,512*i);
                }
        }
        buf[k]='\0';
        return buf;
}
int edit(char name[])
{
        char filename[DIRSIZE];
        char *readbuf,*writebuf;
        unsigned int n_di;
        int nn;
        int flag=1;
        int closeflag=1;
        char yn;
        struct dinode di_node;
        strcpy(filename,name);
        while(flag)
        {
                if((n_di=fileopen(filename))==-1)
                {
                        printf("你想打开另一个文件吗？ <Y>\n");
                        scanf("%c",&yn);
                        getchar();
                        if(yn=='y'||yn=='Y')
                        {
                                printf("输入文件名 \n");
                                gets(filename);
                                flag=1;
                        }
                        else
                                return 0;
                }
                else
                        flag=0;
        }
        closeflag=0;
```

```c
            di_node=iget(n_di);
            do{
                    printf("1: 读文件 \n");
                    printf("2: 写文件（这将丢失文件原数据）\n");
                    printf("3: 关闭文件 \n");
                    printf("4: 退出编辑 \n");
                    printf(" 你想做什么？\n");
                    scanf("%d",&nn);
                    getchar();
                    switch (nn)
                    {
                            case 1:
                                    di_node=iget(n_di);
                                    readbuf=(char *)malloc(di_node.di_size);
                                    if(fileread(n_di,readbuf,di_node.di_size )!=-1)
                                            printf("%s",readbuf);
                                    else
                                            printf(" 读入失败！\n");
                                    free(readbuf);
                                    break;
                            case 2:
                                    if(strcmp(cur_psword.group,"root")!=0 &&
cur_psword.userid!=di_node.di_uid ) //not root or owner
                                    {
                                            if(access(2,di_node)==false)
                                            {
                                                    printf(" 没有权限写 \n");
                                                    break;              // 没有权限
                                            }
                                    }
                                    printf(" 输入内容, 以 '$' 结尾 \n");
                                    writebuf=input();
                                    if(filewrite(n_di,writebuf,size(writebuf))==-1)
                                            printf(" 写入失败！\n");
                                    free(writebuf);
                                    break;
                            case 3:
                                    if(fileclose(n_di)==true)
                                            closeflag=1;
                                    else
                                    {
                                            printf(" 无法关闭，可能不存在该文件，或该
文件已经关闭！\n");
                                            closeflag=1;
                                    }
                                    break;
```

```
                    case 4:
                            if(closeflag==1)
                                    return 0;
                            else
                                    printf(" 请先关闭文件，再退出！\n");
                            break;
                            default :
                                    printf(" 没有这个选项！\n");
                            break;
            }
    }while(1);
}
```